Never
Too
Small

Never Too Small
네버 투 스몰

1판1쇄 펴냄 2022년 11월 25일
1판2쇄 펴냄 2023년 3월 2일

기획 콜린 치 | **글** 조엘 비스, 엘리자베스 프라이스
번역 정은 | **감수** 건축사사무소 서가

펴낸이 김경태 | **편집** 홍경화 성준근 남슬기 한홍비
디자인 박정영 김재현 | **마케팅** 전민영 유진선 | **경영관리** 곽라흔
펴낸곳 (주)출판사 클
출판등록 2012년 1월 5일 제311-2012-02호
주소 03385 서울시 은평구 연서로26길 25-6
전화 070-4176-4680 | 팩스 02-354-4680 | 이메일 bookkl@bookkl.com

ISBN 979-11-92512-08-2 13540

Never Too Small

네버 투 스몰

작아도
편리하고 아름다운 집
인테리어 디자인

기획 콜린 치
글 조엘 비스, 엘리자베스 프라이스
번역 정은

일러두기

본문의 주석은 한국 독자들을 위해 옮긴이가 단 것이다.

머리말

미래의 도시 생활은 어떤 모습일까? 지속 가능한 생활을 우선시하게 될 거라고 상상하는 사람들이 점점 더 많아지고 있다. 그렇지만 낭비를 줄이는 삶이 곧 편리함을 포기하는 삶은 아니다. 오히려 미래에는 각자의 집을 마련하는 데 진정으로 필요한 것이 무엇인지 깊이 생각해보게 될 것이다.

지구에 남기는 탄소 발자국을 줄이는 일을 문자 그대로 받아들여서 자신들이 차지하는 면적을 의식적으로 줄이고자 노력하는 사람들이 많다. '네버 투 스몰'에서는 더 잘 사는 것이 '더 넓게' 사는 것을 뜻하지 않는다고 믿는다. 기존 건축물 안의 작은 면적으로 살기 좋고 살고 싶은 공간을 창조하는 건축가들의 작업에 매료되어 탄생한 '네버 투 스몰'은 처음에는 호주 멜버른에 있는 작은 집들을 찾아가는 유튜브 채널로 시작했고, 나중에는 전세계 시청자들에게 세계 곳곳의 집들을 소개하게 되었다.

이 책에서 우리는 한 걸음 더 나아가, 건축가들에게 극한의 창조성을 요구하며 독특한 도전 과제를 제시하는 집들을 선보인다. 그래서 행복하고 편안한 것, 거주자들의 현대적 욕구를 충족시키는 것의 의미를 재평가하고, 새로운 세대를 위해 기존 주택을 재활용할 방법을 재검토하는 독창적인 디자인을 세상에 알리고자 한다.

여기에서 소개하는 건축가들이 지속 가능한 작은 생활 공간에 이끌리게 된 데는 여러 가지 이유가 있다. 어떤 건축가들에게는 건축 폐기물 문제가 원동력이 되었고, 또 어떤 건축가들에게는 도심지의 건축 유산을 보존하는 것이 목적이었다. 동기는 다르지만 이들 모두 작은 집 디자인에 담긴 도전 과제를 즐기고 있는데, 그 도전 과제는 결코 적지 않다. 고객의 욕구를 이해하고, 불필요한 요구는 지워가면서, 주택 평면도의 모든 너비와 길이와 높이를 활용하고, 훨씬 더 큰 집과 비슷한 편안함을 구현해야 한다.

이 책의 건축가들은 모두 자신들이 직면한 도전 과제에 대해 특유의 접근법을 갖고 있다. 하지만 여러분의 집에 직접 적용할 수 있는 아이디어도 많이 있다. 이를테면 숨길 수 있는 일체형 수납 공간을 만들거나, 칸막이를 제작해 공간을 다목적으로 활용하거나, 특정 소재를 선택해서 공간의 기능을 구분하거나, 빛을 이용해서 공간이 실제보다 넓어 보이게 하는 것 등이다.

작은 집에 살려는 움직임은 과거 어느 때보다 오늘날 더 큰 의미를 지닌다. 이 책에서 그 대표적 사례들을 소개함으로써 우리는 집의 개념을 변화시키는 데 힘을 보태고자 한다.

작은 집 디자인의 원칙

이 책은 디자인 특징에 따라 다음과 같이 다섯 개 섹션으로 구성되었다.

다양화하다 작은 집에는 거주자의 필요에 따라 언제든 다양한 용도로 사용될 수 있는 공간이 필요하다. 이 섹션에서는 버튼을 누르거나 숨겨진 패널을 당겨서 새로운 용도로 전환하는 등의 창의적인 아이디어를 소개한다. 잭 첸이 디자인한 타이프가 아파트(28쪽)에서 다이닝룸은 무빙 월 속에 접힌 채 숨겨져 있는데, 필요할 때 살짝 잡아당기면 공간의 용도를 순식간에 바꿀 수 있다.

확대하다 바닥 면적과 빛, 공기 흐름을 최대화하는 디자인은 뛰어난 작은 집 건축가들에게 너무나 자연스러운 일이다. 브래드 스워츠가 디자인한 보네카(58쪽)에서 아파트를 가로지르는 목제 창살 스크린은 방과 방 사이의 빛과 공기 흐름을 방해하지 않으면서 '구역'을 나누고 프라이버시를 보장해준다.

확장하다 이 섹션에서는 공간을 넓히기 위해 기존 요소를 제거하는 것과 반대되는 선택을 한 건축가들을 소개한다. 이 대담한 혁신가들은 내벽을 추가하고 커다란 구조물을 설치한다. llabb에서 디자인한 리비에라 캐빈(152쪽)의 경우, 내벽을 설치해서 두 개의 침실과 넉넉한 수납 공간을 확보했다. 더하는 것이 줄이는 길임을 보여주는 놀라운 사례다.

재생하다 작은 집 건축가들이 오래된 주택을 새롭게 만드는 과정에서 브루털리즘brutalism* 건축물은 미니멀리즘으로 변신한다. 샘 아키텍츠의 바비컨 스튜디오(204쪽)가 위치한 바비컨 에스테이트는 한때 런던에서 가장 추한 건축물로 여겨졌다. 하지만 재능 있는 인테리어 건축가들의 손길이 닿으면서 현재는 런던에서 가장 살고 싶은 거주지 중 하나로 각광받게 되었다.

혁신하다 우리는 건축가들이 3D 프린팅으로 새로운 건축 기법을 탐구하고, 1인용 주택에서 프라이버시의 개념을 완전히 바꾸는 미래를 고대한다. 욕조를 거실에 두는 디자인은 모든 사람을 위한 것은 아니다. 하지만 스튜디오 에드워즈가 1인용 주택으로 디자인한 마이크로럭스(240쪽)에서 이렇듯 인상적인 욕조를 단상 위에 자랑스럽게 전시해 모두의 감탄을 자아내면 안 될 이유가 있을까?

* 1950년대 영국에서 2차대전 재건 과정 중 나타난 건축 양식. 우아한 아름다움을 추구하는 서구 건축에 반기를 들어, 자재 그대로의 거친 질감과 간결하고 육중한 형태를 특징으로 한다.

다양화하다

다목적 공간을 구현하기

다목적 공간은 주택의 면적을 최대로 활용하는 영리한 방법이다. 거주자의 필요 또는 분위기에 따라 공간을 여러 가지 다른 용도로 사용하는 것은 실제 면적보다 더 넓게 살고자 하는 이들에게 대단히 매력적인 제안이다.

이를 성공시키려면 건축가들은 창의적이 되어야 한다. 작은 집 디자인에서 사용 가능한 모든 공간은 가치 있는 공간이고, 건축가들은 변신하는 구역을 디자인하기 위해 창의성을 발휘해야 한다. 예를 들어, 잭 첸이 디자인한 타이프가 아파트에서는 식사 공간이 명확히 드러나 있지 않다. 하지만 주방과 거실을 나누는 패널 하나를 살짝 잡아당기면 최대 6명의 손님이 앉을 수 있는 식탁이 나타난다. 이와 유사하게, 니컬러스 거니가 디자인한 스튜디오 아파트 타라의 경우, 조명이 공간 구획에 활용된다. 거실의 천장 조명은 레일에 설치되어 있어서 거주자의 취향에 따라 다른 가구나 물품을 비추도록 위치를 이동할 수 있다.

다목적 공간을 만드는 비결은 단순함이다. 이렇게 작은 집에서는 디자인 요소들이 두 가지, 심지어 세 가지 기능을 수행해야 하는 경우까지 있어서 편리함보다 기발함을 우위에 두는 디자인은 거주자에게 거추장스러울 뿐이다. 그러나 타이프가 아파트의 숨겨진 다이닝룸과 타라의 레일 조명은 모두 거주자들에게 보다 많은 것을 제공하기 위해 디자인의 한계를 깔끔하게 넘어선 결과이다.

카이로 플랫

Cairo Flat

↗ 24m²/ 7.3평

아키텍처 아키텍처

Architecture architecture

호주 멜버른 피츠로이

초소형 공간의 리모델링 경험이 있는 건축가라면 모든 것이 숫자 싸움이라는 데 동의할 것이다. 미터, 인치, 센티미터, 밀리미터 단위로 재는 숫자 말이다. 아파트의 경우 사방 벽으로 둘러싸인 구역이 작업 공간의 전부다. 침실 크기를 키우면 주방이 작아진다. 식기세척기를 설치하고 싶으면? 필수적인 수납 공간을 포기해야 한다.

그렇지만 이러한 '기브 앤드 테이크' 법칙이 언제나 적용되는 것은 아니다. 아키텍처 아키텍처의 마이클 로퍼Michael Roper는 아이템 선택이나 공간 활용에 있어서 다양성 원칙을 추구한다. 넓은 면적이었다면 하나의 목적만을 수행했을 아이템이나 공간에 두 가지, 심지어 세 가지 기능을 부여하는 것이다.

활용 가능한 공간이 24제곱미터(7.3평)에 불과한 카이로 플랫을 작업하면서, 마이클 로퍼는 사람들이 보통 집에서 기대하는 모든 공간, 요리하고 먹고 공부하고 휴식하고 잠자는 공간을 포함시키기 위해 고심했다.

로퍼는 카이로 플랫을 본인이 거주할 공간으로 디자인했지만, 미래의 거주자들도 염두에 두고 있었다. 건축가는 기능의 다양성을 추구하는 디자인을 통해 공간 활용도를 높일 수 있지만, 각 공간에 과도한 '임무'를 부여하지 않도록, 즉 접고 바꾸고 숨기는 아이템이 너무 많아지지 않도록 주의해야 한다. 자주 사용하는 기능에 접근성을 높이는 것과 덜 사용하는 기능을 필요 시까지 숨겨두는 것 사이에 적절한 균형을 찾아야 한다. 매일 시간에 따라, 또는 필요에 따라 방의 기능을 바꾸는 것은 피곤한 일일 수 있다. 그래서 로퍼는 카이로 플랫의 다양한 목적을 어떻게 수행할 것인지 신중하게 고민했다.

카이로 플랫에 들어서면 (극장을 연상시키는) 멋들어진 커튼이 천장부터 바닥까지 드리워져 있다. 낮에는 자칫 어수선해 보일 수 있는 열린 수납 공간을 감추어주고, 늦잠을 자는 휴일 아침에는 커다란 창문을 가려주는 역할을 한다.

커튼을 열면 넉넉한 수납 공간이 나타난다. 책을 읽는 구석 자리 뒤로 키가 큰 책장이 있다. 발받침대는 여분의 의자인 동시에 손이 닿지 않는 높은 칸을 위한 발판으로 사용할 수 있다.

침대를 접으면 침실이었던 공간이 주방과 거실 사이의 카운터로 변신한다. 기존에 주방 문이 있던 자리를 창문으로 바꾸면서 마이클은 이 공간에 두 가지 목적을 부여했다. 식사를 준비할 때는 주방과 거실 겸 다이닝룸을 연결하는 통로가 된다. 밤에는 책이나 물을 올려놓고, 암막커튼이 쳐져 있을 때는 알람시계를 올려놓는 협탁이 된다.

이런 영리한 디자인이 없었다면 카이로 플랫은 그저 커다란 택배 상자처럼 느껴졌을 것이다. 일반적인 더블베드를 들여놓으면 지극히 평범한 스튜디오 아파트일 뿐이다. 하지만 마이클은 다양성의 훌륭한 본보기를 제시했다. 매일 침대를 접었다 폈다 해야 하지만, 그 정도의 수고는 감수할 만하다.

다양한 목적을 수행하는 동시에 거주자가 손쉽게 전환할 수 있는 인테리어는 카이로 플랫과 같은 소형 아파트가 계속 각광받는 데 큰 도움이 될 것이다. 로퍼가 본인의 필요뿐 아니라 미래의 거주자들의 필요까지 고려한 디자인은 카이로 주택단지의 문화유산을 보존하고자 하는 그의 자세를 반영한 것이다. 동시에 이것은 새로운 건축에 수반되는 폐기물 문제에 대한 일종의 성명이기도 하다. 로퍼는 이렇게 말한다. "건물을 부수고 새로 짓는 것은 환경적 측면에서 무책임한 일이에요. 우리는 이미 갖고 있는 것을 다른 목적에 맞게 고쳐 쓰는 방법에 대해 고민해야 합니다."

12쪽
풍부한 자연광이 카이로의 유명한 정원을 거쳐 넓은 창문과 유리 문으로 쏟아져 들어온다.

오른쪽
햇빛이 잘 드는 작업공간에는 원목 책상이 놓여 있고, 그 주위를 미술 작품, 어울리는 책들, 녹색식물이 둘러싸고 있다.

아래
일반적인 더블베드가 놓였다면 너무 좁게 느껴졌을 침실 공간. 접이식 침대를 사용해서 작은 집 공간 배치의 해답을 찾았다.

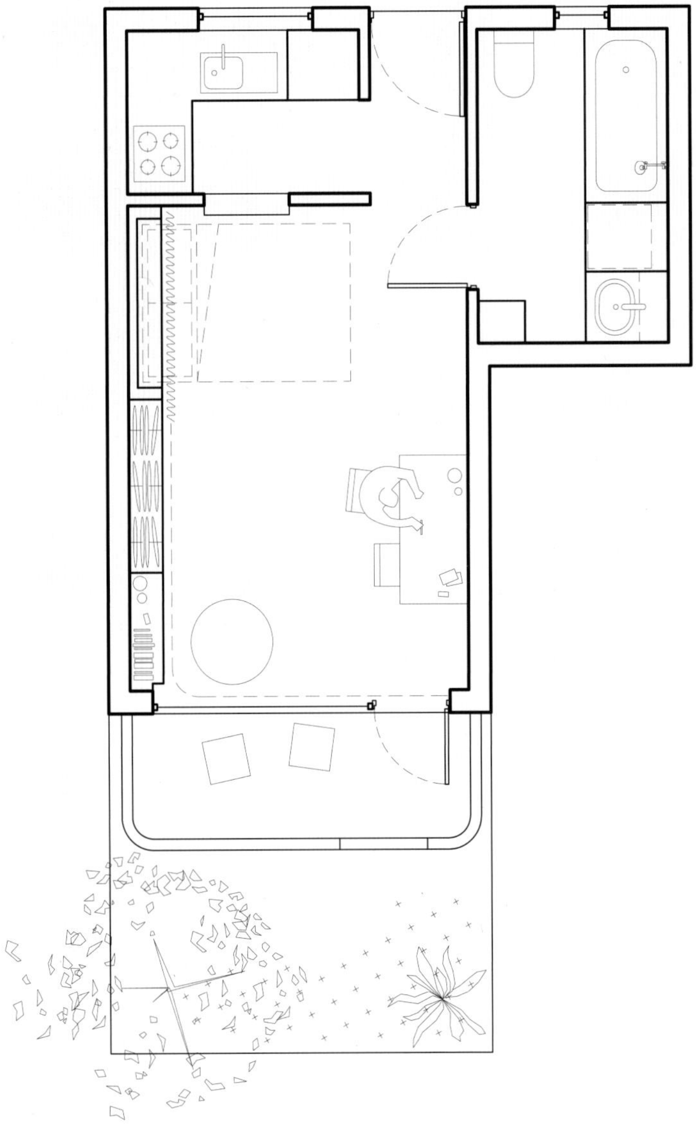

축척 1:100

1 2 3 4 5

THEATRE
USA
Oxford
DICTIONARY
GERMAN
JOHN IRVING
BARRY HUMPHRIES
BUKOWSKI
CHAOS

17쪽
사용하지 않을 때는 천장부터 바닥까지 닿는 긴 커튼으로 수납 공간을 숨길 수 있다. 하지만 열려 있으면 실용적이면서 매력적인 이 아파트의 특징이 된다.

왼쪽
카이로 플랫의 캔틸레버cantilever* 계단은 과거 건축 당시에 콘크리트의 획기적 사용례로 알려졌다.

위
낮 시간 동안에는 접이식 침대를 커튼 뒤로 숨기고 작은 카운터 창문을 주방으로의 통로로 활용한다.

* 한쪽의 지지점이 없이 다른 한쪽만으로 지지가 된 방식의 구조. 한쪽만 지지하는 특성상, 중력을 거스르는 긴장감을 가진 구조물 계획이 가능하다.

Small Homes Grand Living
KINFOLK
CONTAINER ATLAS
NORTHERN DELIGHTS

타라

Tara

32m² / 9.7평

니컬러스 거니Nicholas Gurney

호주 시드니 엘리자베스베이

뉴욕에서 초소형 미니멀리즘 아파트에 거주한 경험이 있는 타라의 소유자는 고향인 시드니 엘리자베스베이에 돌아와서도 뉴욕 집의 미니멀리즘 콘셉트를 그대로 재현하고자 했다. 건축가 니컬러스 거니는 미니멀리즘의 열렬한 지지자였다. 그래서 소유자가 원한 군더더기 없는 간결한 선과 차분한 분위기를 구현해낼 적임자였다.

거니의 건축설계사무소는 초소형 공간을 기능적이면서도 편안한 집으로 변모시키는 일을 전문으로 한다. 아르데코 양식으로 지어진 건물 이름을 그대로 따온 타라는 작업 면적이 32제곱미터(9.7평)에 불과했고, 공간의 손실 없이 필요한 기능을 갖추는 것이 과제였다. 해결책은 무엇이었을까? 큰 가구 등을 외벽 쪽에 재배치하고, 주택의 한쪽 면에 '기능 벽'을 세우는 것이었다.

기능 벽에는 주요 수납 공간과 4인용 낮은 소파, 접이식 침대가 결합되어 있는데, 접이식 침대는 소파 쿠션을 치우고 벽면을 잡아당기면 드러난다. 타라의 소유자는 손님 초대용 공간을 중요하게 생각했다. 전통적 형태의 침대를 없앤 덕분에 사람들과 어울릴 수 있는 개방적이고 유동적인 공간을 확보했고, 진정한 스튜디오 생활의 기반을 마련했다.

거니는 수납장 소재로 은회색 금속 라미네이트 합판을 선택했는데, 소재 자체가 견고할 뿐만 아니라 '맞춤형 고급 승용차를 연상시키는' 현대적인 분위기 연출에 적합했기 때문이다. 기능 벽은 진청색 소파(와 접이식 침대)를 둘러싸고 천장까지 닿게 설치해서 수납 공간을 최대화했다.

기능 벽의 금속 라미네이트 합판 소재는 주방으로 일부 이어지지만, 이를 제외하면 주방은 모두 흰색으로 되어 있다. 싱크대 위 내리닫이창에서 들어오는 이 집의 유일한 자연광을 최대로 활용하기 위해서다. 거니는 소재를 이용해서 불 켜진 라이트박스와 같은 효과를 연출하고자 했는데, 예를 들어 흰색 벽면과 조리대 상판에 빛이 반사되면 조명을 켠 것과 같은 효과가 난다. 수납장 손잡이를 없애고 가전제품을 숨긴 것도 주방의 현대적인 스타일을 더욱 돋보이게 한다.

창문 옆 천장까지 닿는 수납장의 한쪽은 넉넉한 크기의 냉장고이고, 이 수납장을 경계로 주방과 욕실이 나누어진다. 욕실 문은 불투명 유리여서 양쪽 공간의 빛을 서로 공유하고 활용할 수 있다. 욕실 역시 크롬 소재로 된 작은 포인트들과 전신 거울 외에는 모두 흰색으로 되어 있어서 라이트박스 콘셉트가 되풀이된다. 방과 마찬가지로 하나뿐인 창문에서 비쳐 들어오는 빛이 욕실의 흰색 표면에 반사되면서 좁은 욕실이 넓어 보이는데, 작고 반복적인 흰색 모자이크 타일로 된 기하학적 패턴 덕분에 그 효과가 배가 된다.

스튜디오 공간 배치는 쉽지 않지만, 거니는 빛을 활용해서 분위기를 조성하고 기능을 강조했다. 밤에는 샤워부스의 천장과 벽면 틈새에 숨겨진 간접조명이 욕실 전체를 은은하게 비춘다. 침실의 천장 조명은 밝기를 조절할 수 있고 레일을 따라 이동시킬 수 있어서 장식품이나 독서용 의자의 핀 조명으로도 사용 가능하다.

타라는 산업 디자인 분야에서 쌓은 거니의 경험을 자신감 있게 표현한, 기능성이 돋보이는 디자인이다. 스튜디오를 보다 편안하고 실용적이고 매력적인 공간으로 변모시키는 작업은 건축가에게 있어서 모든 것이 함께 작동하는 한 세트의 '제품들'을 디자인하는 과정이다. 예를 들어 주방 블라인드가 수전 뒤로 딱 맞게 내려오는 흠잡을 데 없는 모습은 타라에서 당연하게 여겨지기 쉬운 수많은 디테일 중 하나다. 이런 디테일들은 크게 눈에 띄거나 저마다 존재감을 내세우면서 스튜디오 전체의 차분하고 미니멀한 아름다움을 해치지 않는다. 대신 서로 함께 작용하며 전체적 조화를 향상시킨다.

20쪽
소파와 침대, 수납 공간을 '기능 벽'에 통합하면서 보다 자유로운 공간 배치가 가능해졌다.

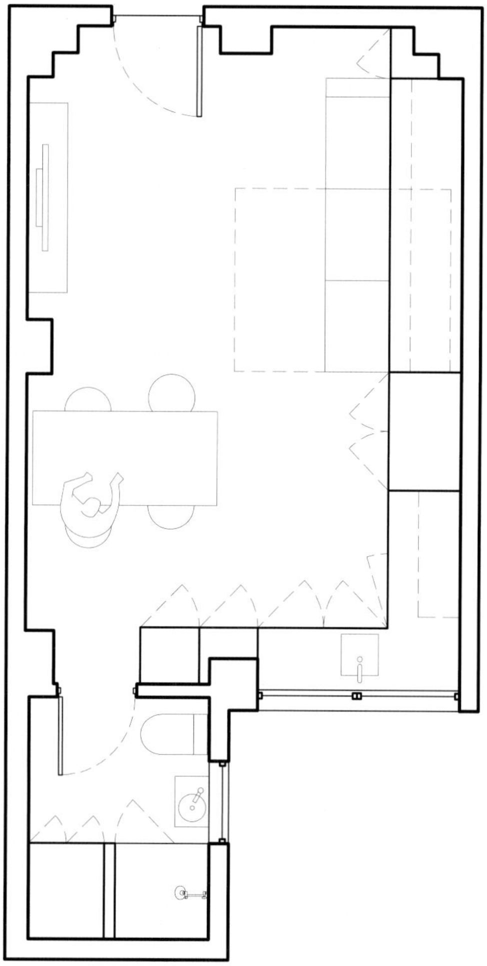

축척 1:100

왼쪽 위
접이식 침대는 진청색 소파 위로 간단하게 펼칠 수 있다.

왼쪽 아래
넉넉한 수납 공간은 고객의 필수 요구사항이었는데, 기능 벽을 통해 매끄럽게 구현되었다.

오른쪽 위
욕실의 불투명한 유리문은 시선을 차단하면서도 은은한 조명 역할을 한다.

오른쪽 아래
전통적인 침대를 없앰으로써 식사와 손님 초대를 위한 충분한 공간을 확보했다.

Baroda L

왼쪽
내리닫이창 두 개가 전부지만 집 전체가 밝은 편이다. 싱크대 상판과 주방 벽을 흰색으로 마무리해서 더 밝아 보이는 효과를 냈다.

오른쪽
욕실에도 (작은 크롬 포인트들만 제외하면) 흰색이 사용되었다. 샤워부스 천장과 벽면 사이에 숨겨진 간접조명 덕분에 작은 욕실이 넓어 보인다.

타이프가 아파트

Type Street Apartment

35m² / 10.6평
차이 디자인tsai Design
호주 멜버른 리치먼드

외관만 봤을 때는 특징 없는 이 황토색 벽돌 건물에 특별할 것이 없다고 생각할지도 모르겠다. 멜버른 도심 인근 주택가에는 1970년대 지어진 이런 박스형 아파트 단지들이 많이 있다. 아르데코 양식의 건물과 비교할 때 매력이 덜할 수 있지만, 경험 많은 투자자들은 이들 건물의 견고한 구조와 마감재, 넓은 주택단지, 중밀도 주거지의 공간과 가치 등에 주목하고 있다.

타이프가 아파트를 디자인한 건축가 잭 첸Jack Chen은 이 견고한 구조물을 바탕으로 '커다란 주택을 작은 아파트에 담을 수 있을지 실험'해보고자 했다. 35제곱미터(10.6평)의 작은 공간 안에 다양한 목적을 수행하는 밝은 집을 설계하는 것은 진정한 선견지명을 필요로 하는 작업이었지만, 첸은 실제 면적보다 훨씬 넓게 느껴지는 집을 만드는 데 성공했다.

건축가들은 작은 집의 평면을 디자인할 때 빛과 공기의 흐름, 동선을 방해하는 내벽 철거 작업부터 시작하는 경우가 많다. 하지만 첸은 타이프가 아파트의 인테리어를 디자인하면서 구조 변경은 전혀 하지 않았다. 대신, 다양한 목적의 공간을 구현하기 위해서 무엇을 추가해야 할 것인지에 집중했다.

첸의 통찰력은 주방과 욕실에서 가장 잘 드러난다. 이곳에서 기술은 자연과 만나고, 그림자는 빛과 만나고, 공간은 거주자의 요구에 맞춰 확장되고 축소된다. 욕실에 사용된 천연 소재는 자연을 집 안으로 불러들인다. 샤워부스는 목재로 마감되어 있고, 욕실 벽은 보존처리된 녹색 이끼로 덮여 있고, 커다란 창문으로는 햇빛이 들어온다. 유리문이 욕실과 주방 사이에 설치되어 양쪽 공간으로 빛이 투과된다. 주방에서 욕실이 보이는 것이 걱정이라면 훌륭한 대책이 마련되어 있다. 버튼 하나만 누르면 주방과 욕실 사이의 유리문을 불투명하게 만들 수 있다.

주방에서 포인트가 되는 것은 3미터에 달하는 싱크대와 검은색 벽면으로, 목제 수납장이 이를 둘러싸고 있다. 이 정도 크기의 소형 아파트에서 충분한 사이즈의 조리 공간은 전례를 찾아보기 어렵다. 제대로 된 식사 공간은 말할 것도 없다. 하지만 첸은 식사 공간을 숨겨놓았다. 거실과 주방을 분리하는 무빙 월의 가운데 부분을 가볍게 잡아당기면 최대 6명의 손님을 접대할 수 있는 접이식 식탁으로 변신한다.

타이프가 아파트는 미니멀 리얼리즘의 완벽한 표본이다. 거주자가 무엇을 필요로 할 것인지, 얼마나 자주 필요로 할 것인지, 또 예상 사용량에 근거해서 필요를 어떻게 결정할 것인지를 이해하고 있다. 첸은 바닥 면적을 차지하지 않으면서도 손님을 초대할 수 있는 공간을 원했고, 쓰지 않을 때 숨길 수 있도록 식탁과 스툴을 접이식으로 만들었다. 혼자 살기 때문에 주방과 욕실 사이가 투명한 유리문이어도 상관없지만, 손님들을 고려해서 불투명으로 전환되는 유리를 설치했다. 고객이 공간을 어떻게 현실적으로 사용하고 싶어하는지를 연구하는 일은 필수적이다. 첸은 건축가인 동시에 고객으로서, 현재는 물론 자신의 미래 라이프 스타일에 맞도록 형태와 기능이 조화를 이룬 집을 만들 수 있었다.

28쪽
타이프가 아파트에서 가장 독창적인 요소 중 하나는 식탁이다. 숨겨진 무빙 월을 꺼내서 접이식 식탁을 펼칠 수 있다. 필요할 때만 꺼내 쓰는 접이식 의자도 첸이 직접 디자인했다.

오른쪽
첸은 아파트의 각 공간이 다변적이면서도 언제든 주어진 목적을 수행할 수 있기를 원했다. 대형 TV 수납장을 열면 거실이 휴식 공간으로 변한다.

32/33쪽
거실을 서재로 사용할 때는 방해 요소인 TV를 수납장 안에 숨기고 특별하게 설계된 작업 공간으로 바꿀 수 있다. 침실을 가리는 미닫이문은 아이디어 스케치용 칠판으로도 사용된다.

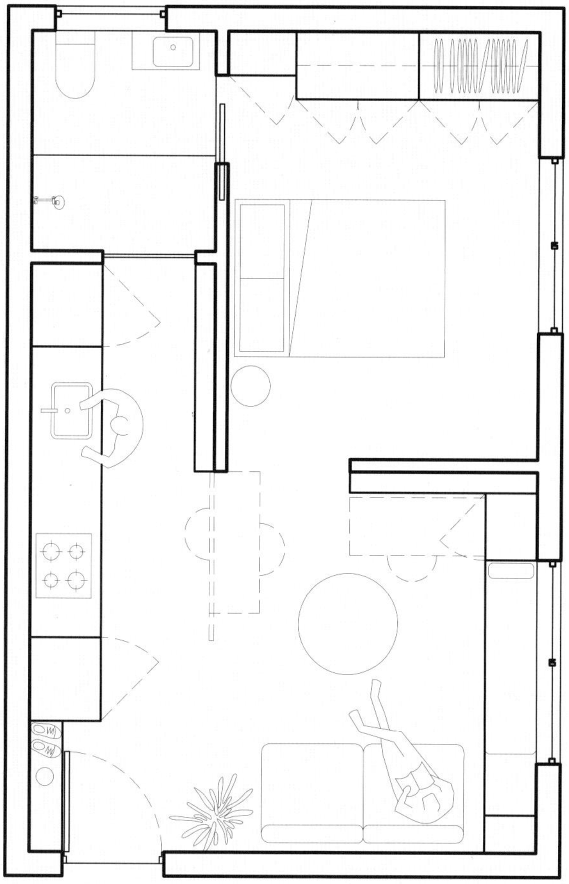

축척 1:100

DELL
Plant Style
utopia
ARCHISPEAK
Construction Industry Terminology
Why Buildings Fall Down
TOWARDS A NEW ARCHITECTURE
Matter and Mind in Architecture
behaviorology

왼쪽
자연광이 비쳐 들어오는 침실은 목재와 흰색으로 마감되어 있어서 환하고 경쾌한 느낌을 준다.

오른쪽
35제곱미터의 아파트에는 버릴 면적이 없기 때문에 거실 벽면은 수납 공간으로 활용된다. 거실 소파 위에 거치된 자전거는 장식품과 같은 역할을 하는 동시에, 작은 주거 공간에서 흔히 맞닥뜨리게 되는 수납 문제에 대한 특별한 접근법을 보여준다.

RON MUECK
Melbourne & Victoria
Tom Kundig
DANIEL LIBESKIND

URBAN CHOREOGRAPHY
Central Melbourne 1985–
TOTAL HOUSING
BUILDING YOUR OWN HOME
Cities for People
BEHOLD AMERICA
POLITICAL TRIBES
REBEL CITIES
WORKLESS
PRICELESS
THE INTELLIGENT INVESTOR
SLAVOJ ŽIŽEK

조지

George

28m² / 8.5평

WHDA

호주 멜버른 피츠로이

WHDA의 건축가 더글러스 완Douglas Wan에게 디자인은 일종의 스토리텔링이다. 공간을 디자인함으로써 완은 이야기를 만들고자 한다. 그 이야기는 여러 관점의 레이어로 이루어진, 직선으로 이어진 여정이다. 드러내는 일인 동시에 억제하는 것이며, 때로는 이야기가 완전히 끝날 때까지 이야기의 전개 또는 결말을 부인하는 것이다.

멜버른 피츠로이의 조지가에 위치한 완의 28제곱미터(8.5평) 아파트는 소규모 공간을 디자인하면서 완이 내렸던 수많은 결정들의 집합체로서, 집과 관련해서 그가 하고 싶었던 이야기를 우리에게 들려준다. 1950년대에 건설된 이 스튜디오 아파트는 최초에는 인근 병원에서 근무하는 간호사들의 기숙사로 사용되었다. 아파트의 본래 구조는 입구에 작은 주방이 있고, 주방에서 거실 겸 침실이 연결되고, 거실 겸 침실의 측면에 욕실이 붙어 있는 구조였다. 완이 최종 디자인한 평면도도 최초의 구조에서 크게 벗어나지는 않았지만, 최대한 자유롭게 공간을 디자인하고 이상적으로 비율을 나누기 위해 아파트 안을 비우는 작업부터 진행했다. 모든 내벽을 철거하면서 천장 하중을 지지하기 위해 아파트를 가로지르는 인더스트리얼 스타일의 철제 빔을 설치했다.

현관문을 들어서면 나타나는 무광의 검은색 주방은 완의 첫번째 '레이어'다. 검은색 주방 수납장과 싱크대 사이는 뚫려 있어서 흰색 페인트칠을 한 안쪽의 환한 공간을 엿볼 수 있다. 하지만 먼저 눈길을 사로잡는 것은 현관과 주방 바닥에 깔린 검은색 타일과 붉은색 줄눈이다. 주방 왼쪽으로 단을 높인 곳에 욕실이 있는데, 욕실의 바닥과 벽도 똑같은 타일과 줄눈으로 되어 있어서 소재를 최소화하면서 연속성을 더했다. 세면대 뒤의 전신 거울도 욕실 문을 열었을 때 '공간의 레이어'를 더하기 위한 의도로 설치되었다. 작지만 인상적인 이런 구역들은 합판으로 만들어진 문턱이 길게 연장되면서 서로 연결된다. 아파트의 이 부분은 한 단 높여져 있어서 배관이 지나가는 통로이자 신발을 보관하는 용도로 활용된다. 천장까지 닿는 수납장에는 옷장과 세탁기도 포함되어 있다.

합판으로 된 복도를 통과하면 탁 트인 거실 겸 침실이 나타난다. 완은 평범한 가구를 들여놓는 대신 이 공간을 '가장 간단한 제스처'로 정의하고자 했다. 풍경을 바라볼 수 있는 합판 평상을 설치한 것이다. 넓은 3분할 창문을 통해 아파트를 밝히는 자연광 대부분이 들어오고, 이웃 정원과 피츠로이 옥상 풍경이 보인다. 이 평상은 여러 가지 기능을 수행하기 위해 설치되었다. 양쪽으로 열리는 주방 수납장으로의 접근성을 높여주고, 평상의 둘레와 아래를 수납 공간으로 활용하고, 평상 자체를 침실 겸 식사 공간으로 사용하는 것이다. 식사 공간으로 사용할 때는 매트리스를 평상 아래에 수납한 다음 테이블과 쿠션을 사용해서 최대 8명까지 앉을 수 있다. 일본식에 가까운 좌식 공간으로, 손님들이 어느 정도 유연성을 발휘해야 하는 방식이다. 대체로 사람들의 행동과 기능에 맞춘 디자인을 하는 세상에서 완은 인간의 적응이 필요한 가구를 만들고자 했다.

완의 이야기의 결말이자 보상이 풍경이라면, 그의 작업 의도가 가장 잘 드러나는 곳은 작은 디테일들이다. 천장 하중을 지지하기 위해 설치된 철제 빔은 비슷한 모양의 선반이 설치되면서 단순히 기능적인 요소에서 디자인적 특징으로 발전했다. 흰색 페인트칠을 한 벽돌 벽은 아파트 전반의 매끈한 직선과 의도적으로 차별화되었다. 벽돌 벽에 접한 합판 가구는 일일이 깎아서 울퉁불퉁한 벽의 요철에 맞추었다. 이러한 부분은 세심하게 고려된 디자인 이야기를 마감하는 마지막 손질이다.

36쪽
빌트인 선반은 아파트를 가로지르는 철제 빔의 모양을 본떠 디자인했다.

40/41쪽
흰색 페인트칠을 한 벽돌 벽과 넓은 창문 덕분에 여러 가지 용도로 사용되는 거실이 더욱 환하게 보인다.

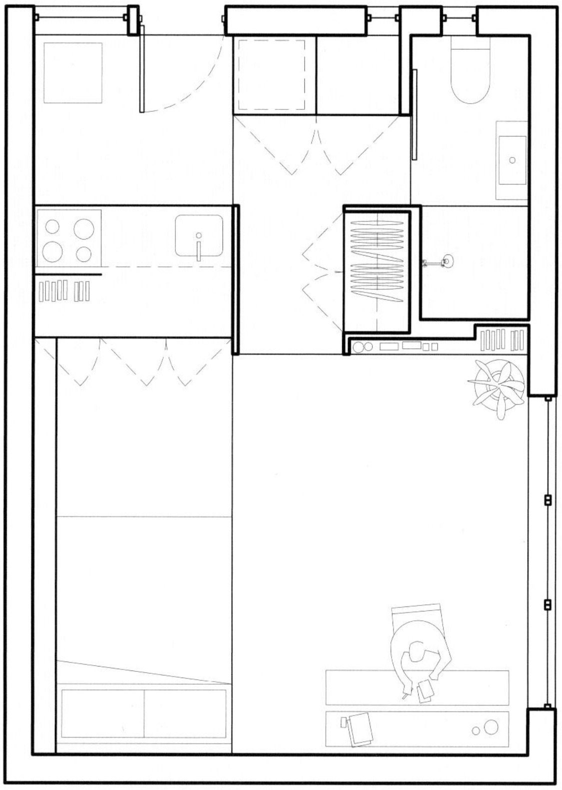

축척 1:100

위
침실로 사용될 때의 평상 모습이다.

오른쪽
매트리스를 평상 아래에 수납한 다음,
간단한 식탁과 방석을 두어 식사
공간으로 바꾼다.

위
완이 거실 겸 침실을 아파트의 다른 공간으로부터 분리하는 문턱을 지나고 있다.

오른쪽
욕실 타일 및 줄눈의 과감한 조합은 SF 장르 같은 느낌을 주는데, 안쪽의 불투명 유리창을 통해 들어오는 빛 덕분에 더욱 강조된다.

더 워런

The Warren

↗ 49m² / 14.8평

니컬러스 거니

호주 시드니 매릭빌

시드니 중심부의 서쪽에 위치한 매릭빌에는 '더 워런'으로 알려진 곳이 있다. 더 워런은 1800년대 중반에 조성된 52만여 제곱미터(약 16만 평) 규모의 사유지였다. 당시 사업가이자 정치적 거물이었던 토머스 홀트가 소유자였고, 인상적인 빅토리아 고딕 양식의 저택과 튀르키예식 목욕탕, 이국적인 동물들, 워런(토끼굴)이란 이름에 걸맞은 토끼떼로 유명했다. (토머스 홀트는 사냥을 즐겼던 인물이었다.)

오늘날 더 워런 저택에서 남은 것은 다른 곳으로 옮겨진 몇 개의 기둥과 워런이라는 이름뿐이다. 하지만 49제곱미터(14.8평) 규모의 아파트 더 워런은 그 이름만큼이나 특색 있는 곳이다. 1960년대에 건설된 3층 아파트에 위치한 18세대 중 하나인 이곳은 미니멀리즘과는 거리가 멀다. 더 워런은 절제와 리덕티비즘reductivism*을 철저히 거부한다. 이 교외 지역은 창조적인 커뮤니티로 유명한 곳이고, 더 워런은 단연코 예술가의 집이다.

더 워런의 소유자인 예술가는 건축가 니컬러스 거니에게 아파트의 기존 분위기를 유지하는 동시에 기능성을 개선해달라는 요청을 했다. 작은 집에서는 미니멀리즘이 현실적 해결책이 되는 경우가 많지만, 이번에는 건축주의 개성이 무엇보다 중요했다. 주문 사항은 식물과 예술 작품들을 전시할 공간이었다. (미래에 늘어날 것까지 고려해서 말이다.) 이를 수용하기 위해서 거니는 침실을 둘러싼 벽을 철거하고 붙박이 가구를 설치했다. 금색 거울로 된 수납장은 건축주의 독특하고 다양한 수집품이 자아내는 분위기를 강조하는 동시에 주변의 빛을 반사한다.

침실 벽을 철거한 또 다른 이유 중 하나는 침실이었던 공간에 아트 스튜디오를 만들기 위해서였다. 이 과정에서 침실은 (딱 퀸사이즈 침대 너비인) 기존의 욕실 자리로 옮겨졌고, 욕실은 기존의 세탁실로 이동했다. 중앙에 위치한 붙박이 가구는 아파트를 침실과 욕실 구역, 거실 겸 주방 구역, 아트 스튜디오 구역으로 구분하는 역할을 한다. 여기에는 옷장과 일반적인 수납 공간, 세탁기, 미술용품 보관 공간, 작품 활동을 위한 작업 공간이 포함되어 있다. 작업 공간은 무광의 검은색이어서 금색 거울로부터 시선을 앗아가지 않으면서, 매일 사용하는 만큼 실용적이고 견고하게 마감되어 있다. 붙박이 가구 옆쪽에 설치된 TV장과 책장도 똑같은 재질이다.

침실의 금색 거울 패널은 따뜻한 느낌을 주고 공간을 실제보다 커 보이게 한다. 침실은 아파트의 다른 공간보다 두 단 높게 설계되어서 중앙 붙박이 가구 아래쪽을 통해 여분 침대를 수납할 수 있다. 아트 스튜디오 쪽에서 여분 침대를 꺼내고 커튼을 닫으면 손님용 침실이 마련된다.

충분한 전시 공간을 원하는 건축주의 취향에 맞게 욕실의 샤워부스 겸 욕조에는 '정원'이라 불리는 작은 식물용 욕조가 달려 있다. 아파트의 모든 공간에 식물이 있기를 바라는 건축주를 위한 이 독창적인 디자인과 흰색 유광 타일, 흰색 샤워커튼 덕분에 욕실의 개방감이 더욱 강조된다.

더 워런의 고객은 색상과 자재에 대한 이해도가 굉장히 높았고, 자신이 추구하는 분위기가 명확했다. 그 결과 더 워런은 거주자의 개성을 정확히 반영했을 뿐만 아니라 식상한 공간을 재해석하고 재구성한, 대단히 기능적이고 독특한 공간으로 재탄생했다.

* 극도의 단순화, 간소화를 추구하는 예술·철학적 사조.

46쪽
금색 거울 패널이 더 워런의 다채로운 미적 감각을 확실히 드러내고 반사한다.

50/51쪽
미니멀리즘과는 거리가 먼 더 워런 소유자는 소장 예술품과 화초, 각종 장식품을 수용할 수 있는 디자인을 요청했다.

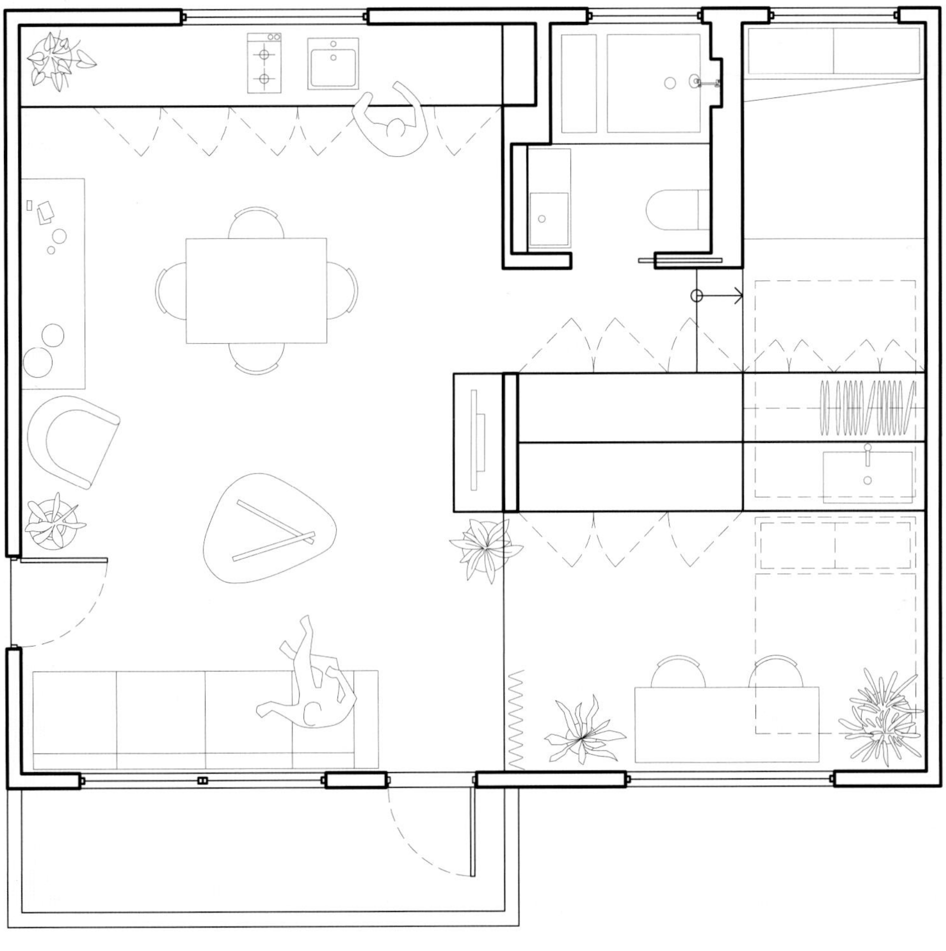

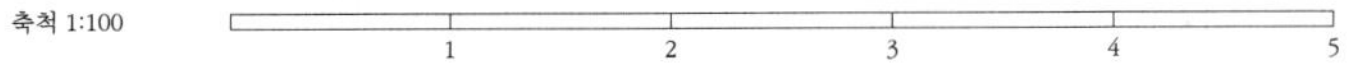

축척 1:100
1
2
3
4
5

Tom of Finland
REN HANG
BILL WARD
MOONAGE DAYDREAM
FANTASTIC MAN
THE BOOK of SYMBOLS
ETHICAL SLUT
FOREVER BUTT
BUTT BOOK
I LOVE DICK
LESS
A LITTLE LIFE
THE COKE RUNNERS

Daddy
MYTHOLOGY
The Memoirs of Cleopatra
MARGARET GEORGE

왼쪽
중앙 붙박이 가구 접합부에 설치된 은은한 조명이 기존 욕실 자리에 만들어진 침실의 안쪽으로 시선을 유도한다.

오른쪽
주방은 일반 주방의 시설과 기능을 모두 갖추고 있으면서도 주변과 어우러지도록 디자인되었다. 상부장 자리는 미술 작품을 전시하는 데 쓰인다.

54/55쪽
침대를 꺼내면 아트 스튜디오가 게스트룸으로 바뀐다.

확대하다

가능한 모든 것을 최대로 활용하기

작은 집 디자인의 공통적 특징은 필요한 것이 항상 부족하다는 점이다. 바닥 면적은 물론이고 자연광, 공기 순환, 벽 면적도 마찬가지다. 이러한 요소들을 어떻게 확대할 것인지 신중하게 계획하지 않으면 작은 아파트가 더욱 좁고 어둡게 느껴질 수 있다.

작은 집 건축가는 자연광, 공기 순환, 바닥 면적을 최대화할 수 있는 방법을 첫번째로 고민한다. iR 아르키텍투라가 디자인한 부에노스아이레스의 엘 카마린의 경우, 공간의 개방감을 위해 불필요한 벽을 모두 철거했다. 어둡고 작은 방들은 실제 면적보다 훨씬 넓어 보이는 공간으로 탈바꿈했다. 벽을 없앤 장점은 분명했지만, 거주자는 프라이버시를 양보해야 했다. 이 둘의 균형을 맞추는 작업은 작은 집 건축가들이 언제나 직면하는 문제이다.

브래드 스워츠가 설계한 보네카는 목제 슬라이딩 스크린을 설치해서 균형점을 찾았다. 일정한 간격의 목제 창살 사이로 자연광이 비쳐 들어오는 이 스크린으로 주방과 침실, 거실을 확실하게 구분했다.

공간의 확대는 섬세함을 필요로 하는 작업이다. 예산(또는 건축주의 성향)으로 인해 내벽 철거나 무빙 월 설치가 어렵다면 (적절한 각도로 배치된) 거울을 활용하거나 녹색식물을 놓는 것도 간단한 해결책이 된다. 이것은 대단히 중요한 결정이다. 만약 간과하거나 서투르게 계획할 경우 벽과 벽 사이는 좁게, 천장은 낮게, 방은 답답하게, 조명은 어둡게 보이는 처참한 결과를 초래할 수 있다.

공간의 확대가 제대로 되었다고 눈에 확 띄지는 않는다. 하지만 그것이 디자인의 힘이다.

Edible Selby
JASMINE TEA

보네카

Boneca

24m² / 7.3평

브래드 스워츠 아키텍츠

Brad Swartz Architects

호주 시드니 러시커터스베이

브래드 스워츠 아키텍츠의 건축가 브래드 스워츠는 시드니 러시커터스베이에 위치한 보네카를 디자인하면서 작은 집 거주 경험을 십분 활용했다. 달링허스트에 있는 자신의 집을 디자인할 때(222쪽) 공간의 제약을 극복하기 위해 침실 안에 옷장을 배치했는데, 침실 면적이 작다보니 침대 위에서만 옷장을 열 수 있었다. 스워츠는 보네카에서는 침실과 옷장이 반드시 같은 공간 안에 있어야 하는가에 의문을 제기했다. 그의 영리한 재배치 덕분에 널찍한 드레스룸이 탄생했고, 주변 공간을 더 편리하고 살기 좋게 변모시킬 수 있었다.

스워츠는 공간을 완전히 분해하고 재구성할 자유를 보장받았다. 창문과 외벽은 그대로 두되, 그 외의 것은 마음껏 손대도 된다는 것이 고객의 지침이었다. 24제곱미터(7.2평) 규모의 이 집은 1960년대 지어진 아파트 안에 자리잡고 있다. 견고한 콘크리트 구조 덕분에 내벽 전체를 철거하고 평면을 재구성하는 것이 가능했다. 거실 크기를 최대한 확보하기 위해서 다른 공간들의 규모를 최소화했다.

보네카는 포르투갈어 '인형'에서 따온 이름이다. 하지만 크기가 작을 뿐 그 내용까지 작지는 않다. 보네카에 설치된 슬라이딩 스크린은 재미있는 요소인 동시에, 거실과 침실을 구분하고 개방하는 기능성도 갖추고 있다. 최초에는 두 개의 스크린을 설치할 계획이었지만, 이후 유리 스크린 한 개로, 창이 있는 스크린으로, 원목 스크린으로 변경되었다가, 현재의 목제 창살을 이어 만든 슬라이딩 스크린 설치로 최종 결정되었다. 저녁에는 스크린을 왼쪽으로 이동시켜서 주방을 가리는 동시에 침실을 개방한다. 낮 동안에는 침실을 가려두지만, 아파트 한 면을 가득 채운 창문을 통해 들어오는 빛은 창살 사이로 그대로 투과된다. 자연광이 풍부하다는 것이 보네카의 대표적 특징인데, 스워츠는 침실 가구를 흰색으로 통일해서 환한 분위기를 더욱 강조했다. 침실 가구를 설치할 때 주방 가구의 직선을 그대로 이어가지 않고 침대 방향으로 비스듬하게 꺾어서, 아파트 현관에서도 초록색 거리 풍경을 방해 없이 즐길 수 있고, 가구의 흰색 표면에서 빛이 환하게 반사된다.

주방과 침실 사이에 교묘히 숨겨져 있는 문을 열면 욕실 겸 드레스룸으로 통한다. 욕실과 드레스룸 사이의 작은 복도 끝에는 전신 거울이 설치되어 있어서 전체 공간이 확장되어 보이는 효과를 낸다. 이처럼 욕실 겸 드레스룸을 만든 것은 대단히 세심한 결정이었다. 각각 분리했다면 작은 욕실, 작은 드레스룸에 불과했을 두 공간을 하나로 결합함으로 호텔식 욕실 겸 드레스룸이 완성되었다. 욕실의 자연스러운 회색 타일 또한 '호텔 분위기' 형성에 일조하며 고급스러운 느낌을 준다.

보네카는 형식을 넘어선 기능을 구현한 세련된 본보기이다. 보네카에서 스워츠가 가장 좋아하는 부분은 무엇일까? 바로 수저 보관 서랍이다. 수저를 옆으로 나란히 수납하는 일반적 방식에서 벗어나서, 수저를 길이 방향으로 수납할 수 있는 좁고 깊은 선반을 만들었다. 보네카를 재구성하면서 스워츠는 이와 비슷한 질문을 많이 던졌다. 먼저 기능에 의문을 제기한 다음, 수저 서랍의 경우에 그랬듯이 관습이 아닌 실생활을 염두에 둔 해결책을 만들어낸 것이다.

58쪽
필요한 설비를 모두 갖춘 보네카의 주방은 다른 공간과 마찬가지로 차분한 흰색 바탕에 따뜻한 목재 포인트를 살려 제한된 색상을 사용하고 있다.

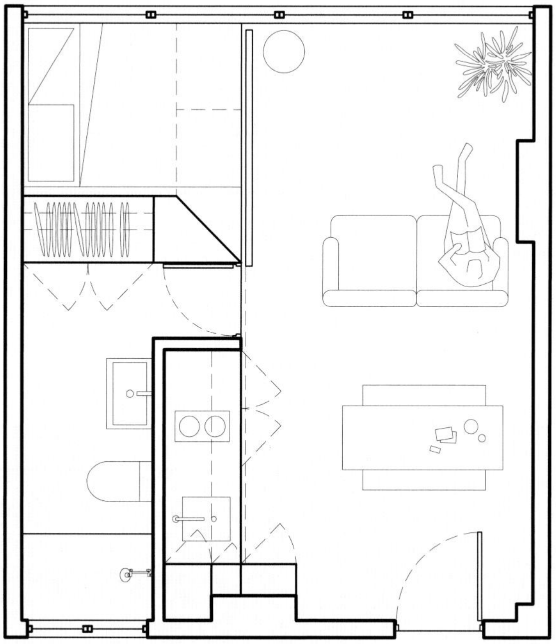

축척 1:100

1 2 3 4 5

왼쪽 위
목제 창살로 이루어진 스크린은 빛이나 공기 순환을 방해하지 않으면서 프라이버시를 지켜준다.

왼쪽 아래
욕실 겸 드레스룸으로 통하는 좁은 복도는 문이 닫혔을 때는 보이지 않는다.

오른쪽 위+아래
목제 스크린을 사용해서 주방을 열어둘 수도 있고 가릴 수도 있다. 주방을 가리면 주택 전체의 개방감이 좋아진다.

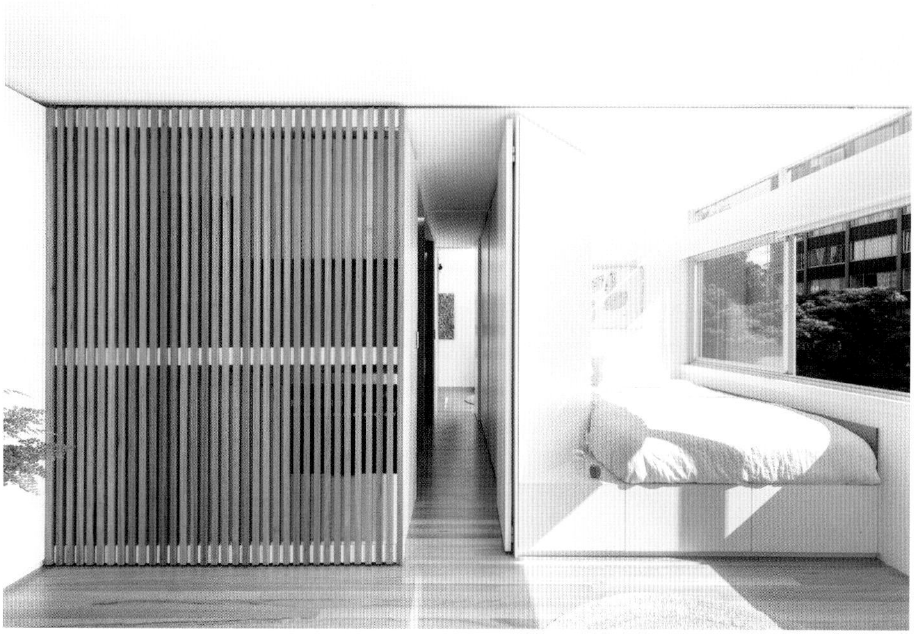

64/65쪽
거실 및 침실은 창을 향해 배치되었다.

왼쪽
미니멀한 디자인의 드레스룸은 호텔
스위트룸을 연상시킨다.

오른쪽
침실 가구는 비스듬하게 꺾여서 햇빛을
거실로 반사시켜준다. 침대 발치
아래에는 수납 공간이 설치되어 있다.

건축적 (무)질서

Architectural (dis)Order

44m² / 13.3평

코르푸 아틀리에Corpo Atelier

포르투갈 로울레 빌라모우라

무너진 기둥, 홀로 남은 주춧돌, 벽돌 잔해 등 고대 유적들은 예전에 존재했던 것에 대한 단서를 준다. 포르투갈에 있는 건축설계사무소 겸 예술 아틀리에인 코르푸 아틀리에의 필리페 파이샹Filipe Paixão과 그의 팀은 고대 유적의 퍼즐을 맞추듯 빌라모우라에 있는 44제곱미터(13.3평) 아파트를 디자인했다. 파이샹은 포르투갈 해안 휴양지에 위치한 이 아파트가 고고학적 유적지와 같은 느낌을 주고, 공간에 대한 호기심과 탐구심을 불러일으키기를 원했다. 고객의 요구나 제한이 없었기 때문에 파이샹은 자유로운 실험을 펼칠 수 있었다.

현관문을 열고 들어서면 파이샹이 호텔 룸과 다를 바 없다고 표현한 짧은 복도가 나온다. 복도 왼편에는 욕실로 통하는 문과 찬장이 있고, 오른편에는 세탁기와 분전함을 가리는 수납장이 있다. 거실로 가는 길은 진노랑의 천장 수납장을 통해 알 수 있다. 이 재치 있는 요소는 에어컨 수납함으로서의 기능도 갖추고 있다.

흰색 벽과 수납장, 옅은 회색 커튼과 대리석 바닥의 무채색조 가운데서 진노랑색 물체는 선명한 대조를 이룬다. 이 물체를 시작으로 파이샹의 아이디어가 펼쳐지기 시작한다. 천장의 진노랑 수납장은 총 세 가지 조각의 첫번째이다. 두번째 조각은 거실 왼쪽 벽면에 놓여 있고, 마지막 조각은 침실로 향하는 대리석 계단 발치에 마치 제단처럼 자리잡고 있다. 이 세 가지는 고대 그리스 로마 건축물의 클래식한 요소인 아키트레이브architrave*, 넘어진 기둥, 기단을 본뜬 디자인이다.

가로로 놓인 기둥은 거실에 주의가 집중되게 해준다. 또한 이 기둥은 멀티미디어 수납장으로 사용된다. 계단 발치에 놓인 세번째 조각은 거실 구역과 침실 구역 사이의 경계선을 표시한다. 이 특별한 물체는 여러 가지 기능을 수행하는데, 수납장으로 사용되기도 하고, 거실 방향에서는 책상 역할을, 침실 방향에서는 협탁 역할을 한다. 세 개의 대리석 계단과 단을 높인 침실 덕분에 평범할 뻔했던 공간이 미묘하고도 완전한 분리를 이루었다. 대리석 위에 매트리스만 놓은 침대는 이 아파트의 진정한 자랑거리라 할 수 있는 경치를 감상하는 데 전혀 방해가 되지 않는다.

하지만 이 자랑거리 때문에 파이샹은 난관에 봉착했었다. 직사각형 모양의 이 아파트는 한쪽 벽면을 가득 채운 창문을 통해 보이는 해변도시 쿠아르테이라와 그 너머의 바다를 향하고 있다. 이 창문은 아파트의 유일한 자연광 원천이어서 주택 배치를 어렵게 만들었다. 하지만 파이샹은 '제약이 오히려 자유를 주었다'고 평가한다. 배치의 제약 때문에 다른 건축적 개입이 불가능했던 것이다. 대신 그는 공간 구성과 세 개의 퍼즐 조각 구성에 집중할 수 있었고, 그 결과 가장 중요한 경치를 해치지 않으면서 기능을 충실히 수행하고 호기심을 불러일으키는 디자인을 할 수 있었다.

68쪽
거실에서 대리석 계단을 세 개 올라가면 침실이다.

72/73쪽
파이샹이 직접 디자인한 진노랑 가구들은 현재 또는 장래의 공간 활용을 제약하지 않으면서 공간을 효과적으로 구분한다.

* 그리스 신전에서 원기둥 바로 위에 올려지는 수평 들보.

축척 1:100

왼쪽
거실 입구 천장에 위치한 수납장은 에어컨 수납함이다.

오른쪽 위
아파트의 유일한 창문이 집의 중심이 되어야 했기에 내벽 설치의 가능성이 완전히 배제되었고, 오히려 디자인상의 자유가 주어졌다.

오른쪽 아래
단을 높인 곳에 위치한 침실은 전면 유리창의 이점을 온전히 누릴 수 있는 훌륭한 휴식처이다.

Information Graphics

엘 카마린

El Camarín

25m² / 7.5평

iR 아르키텍투라arquitectura

아르헨티나 부에노스아이레스 차카리타

엘 카마린에 거주하는 커플은 부에노스아이레스 중심부의 매력적인 마을인 차카리타의 일상생활을 제1열에서 경험할 수 있다. "밤이 되면 엘 카마린은 망원경으로 별을 관찰하는 천문대가 되고, 프로젝터로 영화를 감상하는 영화관이 됩니다. 하지만 무엇보다도 엘 카마린은 휴식하고 꿈꾸는 집이죠."

벽에서 벽까지, 천장에서 바닥까지를 가득 채운 반투명의 곡선 가림막 덕분에 멋진 풍경을 즐길 수 있다. 하지만 이 가림막이 설치된 위치가 엉뚱한 것은 사실이다. 외부에서 보면 곡선 형태의 메시 가림막은 굉장히 특이하다. 가림막의 형태와 크기는 사람들의 시선을 끌지만, 미적으로 뛰어난 것은 아니다. 게다가 거리의 보행자들은 이 가림막을 통해 아파트 내부를 어렴풋이 들여다볼 수 있다. 180도의 풍경을 위해 치른 엄청난 대가이다.

발코니가 처음부터 이런 어항 모양이었던 것은 아니다. 예전에 이 발코니는 커다란 주택의 일부분이었다. 하지만 부에노스아이레스 중심부의 여느 건물들과 마찬가지로, 1950년대에 건축된 이 아파트 건물도 지역 인구가 증가하고 인기 있는 동네의 수요가 시장을 압도함에 따라 점점 더 작게 쪼개졌다. 입지가 뛰어났던 엘 카마린은 근시안적 이윤 추구의 희생양이 되었다.

지역 건축설계사무소인 iR 아르키텍투라가 엘 카마린 프로젝트를 맡았을 때, 25제곱미터(7.5평) 규모의 이 아파트는 작고 어두웠고, 발코니와는 벽과 작은 문으로 분리되어 있었다. 예전의 평면도를 보면 작은 문과 더 작은 창문을 통해 어두운 주택 내부로 자연광이 일부 들어왔을 것으로 보인다. 이 삼각형 아파트의 양옆 좁은 구석도 디자인을 어렵게 만들었다.

iR 아르키텍투라는 발코니의 이용 가능성을 한눈에 알아봤다. 발코니 벽을 없애고 미닫이 유리문을 설치해서 실제로 보이지만 분리 가능한 밝은 공간을 만드는 것이었다. 유리문은 외부 시선으로부터 아파트 내부를 가려주지는 못해도 유용한 역할을 한다. 아르헨티나의 무더운 여름 동안 발코니는 온실처럼 더워지는데, 분리할 문이 없다면 그 열기를 견딜 수 없을 것이다.

엘 카마린에 사는 커플은 외부의 호기심 어린 시선에 크게 개의치 않는 것 같지만, 보다 내밀한 공간은 구분해놓았다. 침대는 삼각형 거실의 한편에 맞춤 설치된 선반형 수납장으로 가려져 있고, 욕실은 주방 바로 옆에 문이 나 있는 별도의 공간으로 분리되어 있다. 사실 엘 카마린에서 온전히 분리된 곳은 욕실뿐이다.

작은 집을 디자인하는 건축가는 고객에게 수납이 얼마나 중요한 문제인지 알고 있다. 엘 카마린에서 맞춤 가구의 모든 부분은 선반이나 팬트리, 가전제품을 포함하거나 문, 서랍으로 쓰인다. 식탁도 접이식이어서, 펼쳐놓으면 식탁 뒤편의 수납장을 더 편하게 활용할 수 있다.

작은 집 건축가는 공간을 다시 디자인할 때 빛이 어디서 들어오는지, 공기가 어디로 통하는지, 사람들이 숨쉬고 생각하고 활동하는 '공간'이 어디인지를 가장 먼저 살펴본다. 그런 의미에서 예전의 엘 카마린에도 누군가 살았다고 생각하면 심란해진다. 지금의 엘 카마린은 iR 아르키텍투라의 독창성과 건축주의 포용력이 만들어낸 행복한 결과물이다. 자투리 공간에 불과할 뻔했던 이상한 모양의 공간, 현대적 목적으로 쓰이기에는 너무 작았던 공간이 주거지 재생의 기념비가 되었다. 그리고 엘 카마린의 거주자들에게는 휴식하고 꿈꾸는 집이 되었다.

76쪽
침실과 욕실이 맞춤 가구로 영리하게 숨겨져 있다.

오른쪽
작은 집에서 많이 이용되는 접이식 식탁은 사용하지 않을 때는 접어서 수납장에 붙여놓을 수 있는 것이 장점이다.

80/81쪽
침실은 다양한 목적을 수행한다. 침대 발치의 소파 앞에는 바깥을 감상할 수 있는 공간이 있다.

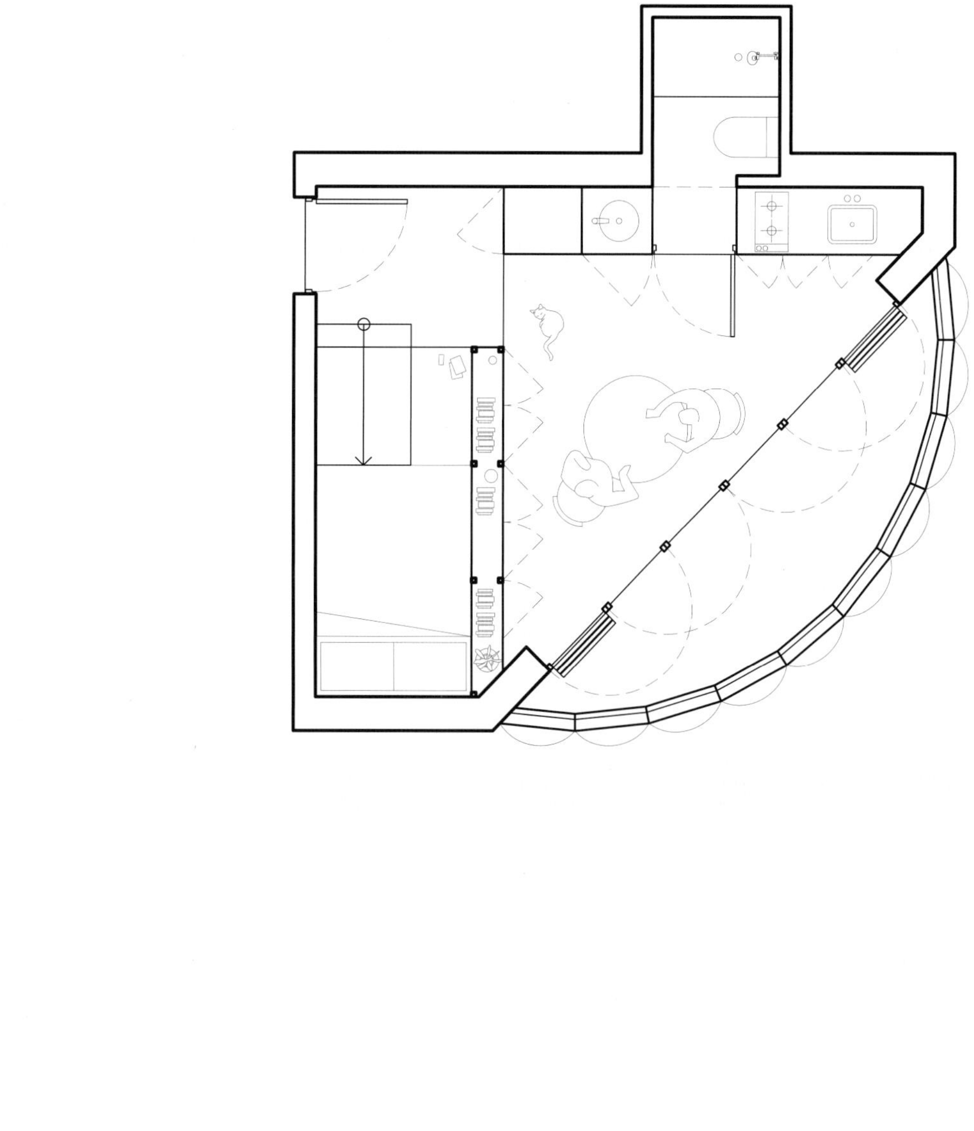

축척 1:100
1
2
3
4
5

LIBRE
TAXIMETRO

왼쪽 위
곡선으로 된 발코니를 통해 바깥 경치를 (바깥에서는 안을) 볼 수 있다. 발코니는 햇볕을 받으면 온실과 비슷한 효과를 낸다. 유리문을 닫아서 발코니의 열기를 차단할 수 있다.

왼쪽 아래
독특한 모양의 반투명 가림막이 주변 풍경 가운데 눈에 띈다. 행인들의 눈길을 끄는 것도 당연하다.

오른쪽
천장까지 닿는 맞춤 수납장에는 주방가전, 욕실 출입구, 식탁, 기타 수납 공간이 숨겨져 있다.

84/85쪽
맞춤 제작된 가구 덕분에 햇살 가득한 발코니의 활용 가능성을 포기하지 않으면서 아파트의 삼각형 구조를 효과적으로 이용할 수 있다.

The Hotel Book
BOSE
Information Graphics
LIBRE

리카비토스 언덕 스튜디오 아파트

Lycabettus Hill Studio Apartment

40m² / 12.1평

사우스 아키텍처

SOUTH Architecture

그리스 아테네 리카비토스 언덕

그리스 신화에 따르면 아테네에서 가장 높은 리카비토스 언덕은 아테나 여신이 산더미만 한 석회암 덩이를 하늘에서 떨어뜨려서 생겨났다고 한다. 이 바위는 원래 아크로폴리스로 가져갈 것이었는데, 나쁜 소식을 듣고 격분한 여신이 실수로 떨어뜨린 것이었다. 오늘날 리카비토스 언덕의 정상은 빼곡히 들어찬 아테네를 내려다보는 산림지대 위로 위용을 뽐내며 우뚝 솟아 있다.

리카비토스 언덕의 북쪽 경사면, 가장 좁고 가파른 골목길 한편에 40제곱미터(12.1평) 규모의 지하 스튜디오가 있다. 1990년대 지어진 4층 건물의 지하에 위치한 이 작은 스튜디오는 이전에는 어둡고 짐이 가득한 창고였다. 낡은 전기설비와 낙후된 미장 및 바닥 상태에도 불구하고, 창고 소유자는 이곳을 집으로 바꿀 야심찬 꿈을 꾸었다. 별도의 현관과 거실, 침실, 주방, 욕실을 갖춘 온전한 집 말이다. 다행히도 아테네에 기반을 둔 건축설계사무소 사우스의 건축가 엘레니 리바니Eleni Livani와 크리소스토모스 테오도로풀로스Chrysostomos Theodoropoulos가 이곳의 숨은 가치를 알아보았다.

이 스튜디오는 완전한 지하가 아닌 반지하 주택으로, 지하층 아파트치고는 굉장히 독특하다. 스튜디오의 일부는 리카비토스 언덕의 경사면 아래에 묻혀 있는데, 그 바로 위 1층은 필로티, 즉 기둥으로 받친 현관이고, 건물로 통하는 지상층 입구가 있다. 이러한 구조 덕분에 1층 바닥이자 지하 스튜디오의 천장에는 유리 블록으로 만든 채광창이 설치될 수 있었다. 지하에 묻히지 않은 스튜디오의 반대편은 커다란 유리 미닫이문을 통해 그림 같은 개인 정원으로 이어져 있다.

리바니와 테오도로풀로스는 '지중해 실내공간의 유형' 및 실내공간에 사용된 천연 소재가 환경조건과 빛에 반응하는 방식에 오랫동안 매료되어왔다고 설명했다. 리카비토스 언덕 스튜디오 아파트는 이런 면에서 전혀 실망스럽지 않았다. 건축가들은 새로 설치된 커다란 창문과 채광창이 낮 시간 내내 집을 자연광으로 환하게 채우는 모습에 마음을 빼앗겼다. 여기서 영감을 얻은 그들은 스튜디오의 지하 부분에서 환한 자연광원 방향으로 나아가는 듯한 느낌의 디자인을 완성했다.

이 아파트 디자인의 주역이자 기능적 중추는 '들어가고 나오고 뚫리고 굴려, 만들어진 조각 같은 격벽이다. 격벽을 통해 각 구역 사이의 접근성 및 빛과 공기의 흐름을 유지하면서 공간을 구성할 수 있었다. 현관에서 바라보면, 반아치 형태로 열려 있는 흰 벽이 현관과 거실을 분리한다. 그 옆에 있는 침실은 천장에 난 채광창을 통해 빛이 비쳐 들어온다. 또한 격벽을 원형으로 뚫어 거실의 빛을 공유한다. 그곳에는 합판 작업대가 설치되어 있는데, 거실에서는 책상으로, 침실에서는 화장대로 사용할 수 있다. 침실 한 면을 가득 채운 옷장에도 합판 소재가 반복적으로 사용된다.

이 합판 소재는 맞춤 제작된 빌트인 거실장에도 사용되었다. 거실장은 바닥에서 일정 높이를 띄워서 설치되었고, 그 아래로 흰색 세라믹 타일이 보인다. 이와 동일한 소재, 즉 합판과 흰색 타일이 욕실과 주방에도 사용되었다. 이처럼 소박한 소재가 대담한 흰색 곡선 가운데 연속성 있게 사용된 것은 '그리스풍의 지역성을 드러내면서도 새롭고 현대적인 어떤 것'을 디자인하고자 하는 리바니와 테오도로풀로스의 바람을 반영한 결과이다.

86쪽
반아치형 문틀과 원형으로 뚫린 '조각 같은 벽'이 침실과 거실을 분리하고 있다.

오른쪽
커다란 유리문은 전용 정원으로 나가는 통로이자 자연광의 원천이다.

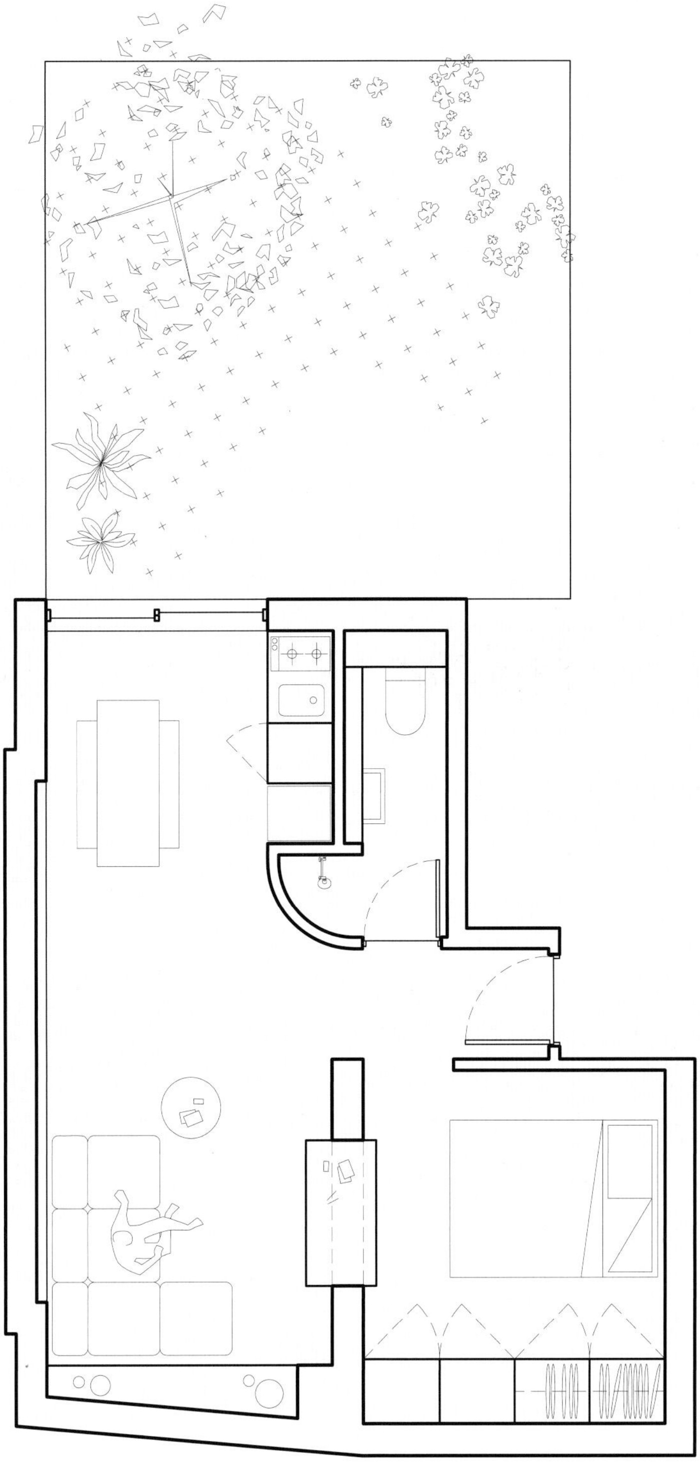

축척 1:100

위
주택 전반에 걸쳐 합판으로 제작된 가구가 사용되었다. 거실의 합판 수납장은 공간의 다양한 목적에 맞게 여러 가지 용도로 활용된다.

오른쪽
조각 같은 벽이 스튜디오의 볼륨감을 해치지 않으면서 공간을 분리한다.

왼쪽+오른쪽
침실과 거실 사이의 원형 구멍에는 다목적 작업대가 설치되어 있고, 공기와 빛이 통하는 통로 역할도 한다.

로프트* 하우스

Loft Houses

35m² / 10.6평

브래드 스워츠 아키텍츠

호주 시드니 파이어몬트

* 메자닌이라고도 하고, 한국에서는 흔히 복층으로 불린다. 층고가 높은 공간의 일부에 한 층을 더 만들어 2층처럼 사용하는 것이다.

도시에서 주차장이 차지하는 면적은 흔히들 생각하는 것보다 훨씬 크다. 게다가 많은 경우에 주차장은 중심부의 비싼 땅에 위치해 있다. 주차 공간을 다른 목적으로 활용할 수 없을까 고민하는 사람들이 늘어나는 것도 당연한 일이다. 한때는 없어서는 안 될 공간이었지만 걷기와 자전거, 대중교통의 이용을 권장하는 환경 친화적 개발방식이 확산되고 차량 공유가 증가하면서 사람들의 인식이 바뀌고 있다. 브래드 스워츠 아키텍츠의 건축가 브래드 스워츠는 시드니 파이어몬트에 거주하는 두 주민으로부터 이와 관련된 프로젝트를 의뢰받았다. 그들은 자신들의 테라스 하우스 뒤편에 있는 주차장은 이 도시에서 필요 없는 것이라고 결론을 내린 상태였다.

그 결과 탄생한 것이 바로 로프트 하우스이다. 두 채가 나란히 붙은 주택으로, 두 집을 분리하는 가운데 벽에 각종 설비들이 설치되어 있다. 안쪽의 테라스 하우스와 완전히 독립된 로프트 하우스는 단기 임대를 목적으로 건설되었다. 각각 35제곱미터(10.6평)에 불과한 두 집은 완전한 대칭을 이루고 있다. 대단히 현대적이지만, 규모와 디자인은 이웃 주택과의 균형을 고려해서 결정했다. 스워츠는 옛날 마구간에서 아이디어를 얻었다. 전면부는 옅은색 통줄눈 쌓기 방식으로 이루어져 있고, 지붕 라인은 거리 풍경과 조화를 이루고 있다.

로프트 하우스 안으로 들어서면 새하얗게 페인트칠을 한 철제 빔이 마구간에서 착안된 주택 외부와 조화를 이룬다. 빔이 노출되면서 천장이 높아졌고 덕분에 전체적 볼륨감이 확대되었다. 섬세하게 설치된 상향등 덕분에 그 효과가 배가된다.

1층의 회색 콘크리트 폴리싱 바닥은 풍부한 빛을 환하게 반사한다. 로프트로 연결된 계단은 바닥과 대비되는 유칼리나무로 되어 있어 공간을 전환시키고 따뜻한 느낌을 준다. 로프트는 뒷벽에서 떨어져 있어서 풍부한 빛이 투과되고, 천장 채광창을 통해 들어온 빛이 로프트는 물론 1층에도 전해질 수 있도록 해준다.

도심지에서 기존 주택 사이의 빈 공간을 활용한 프로젝트이다보니 스워츠가 직면한 가장 큰 도전은 채광성을 높이는 것이었다. 해결책은 무엇이었을까? 집 뒤편에 작은 전용 정원을 만들고, 정원 방향에 커다란 유리 미닫이문을 설치하는 것이었다. 이 유리문은 분체 도장된 스틸 프레임으로 마감했다. 그 결과 채광성 향상은 물론, 창고 테마를 확장해서 주택을 자연으로 연결시킬 수 있었다. 전용 정원은 푸른 오아시스가 되도록 디자인되었다. 우거진 녹색식물이 집에 들어서는 손님을 반겨주고 저 너머 바쁜 도시에 대한 해독제 역할을 한다.

다양한 목적을 지닌 디자인은 로프트 하우스에서 일관성 있게 나타나는 특징이다. 사실 작은 공간 안에 건축주가 원하는 모든 것을 갖추기 위해서는 필수적인 선택이었다. 예를 들어, 주방은 1미터 깊이의 주방가구로 이루어져 있는데, 덕분에 넉넉한 크기의 싱크대와 세탁실을 확보할 수 있었고, 그 옆으로 충분한 너비의 계단을 설치하고 그 끝에 욕실도 딱 맞게 끼워넣을 수 있었다.

욕실을 계단과 그 아래의 주방가구 너비에 딱 맞는 크기로 설치하다보니 세면대를 설치할 공간이 부족했다. 세면대는 바로 옆 침실로 옮겨졌고, 연회색이 살짝 섞인 흰색의 넓고 두툼한 대리석 판 위에 설치되었다. 그 뒤에는 미닫이문이 달린 널찍한 수납공간이 있어서 이 대리석 판은 화장대 겸 작업/독서 공간으로 쓰기에 충분하다.

로프트에 구현된 모든 디테일은 서로 방해하지 않고 각자의 기능을 수행한다. 욕실은 불투명 유리로 둘러싸여 있어서 내부 면적을 최대화했고, 옷장은 사선으로 구획되어 공간에 부담을 주지 않고 안쪽이 깊어졌다. 스워츠는 공간의 크기를 확장할 수 없는 곳에서는 착시 효과를 이용했다. 건축기준상 수직난간의 간격은 120밀리미터 이하여야 하는데, 난간 살의 각도를 조정해서 그 간격이 더 넓어 보이게 만들었다.

로프트 하우스에서 스워츠는 단순히 도심 속 쉼터를 만드는 것을 넘어서 작지만 살기 좋은 집의 진정한 표본을 선보이고자 했다. 건축가와 건축주의 비전이 일치한 덕분에 유휴 공간의 놀라운 가능성을 보여주었고 이를 통해 심각한 도심지 과밀 현상에 대한 해결책을 제시했다. 로프트 하우스의 성공 사례에 영감을 받은 많은 사람들이 주차장을 보고 더 나은 무언가를 상상하기를 기대해본다.

94쪽
노출된 빔은 천장 높이를 높일 뿐 아니라 마구간에서 착안한 주택 외관과 조화를 이룬다.

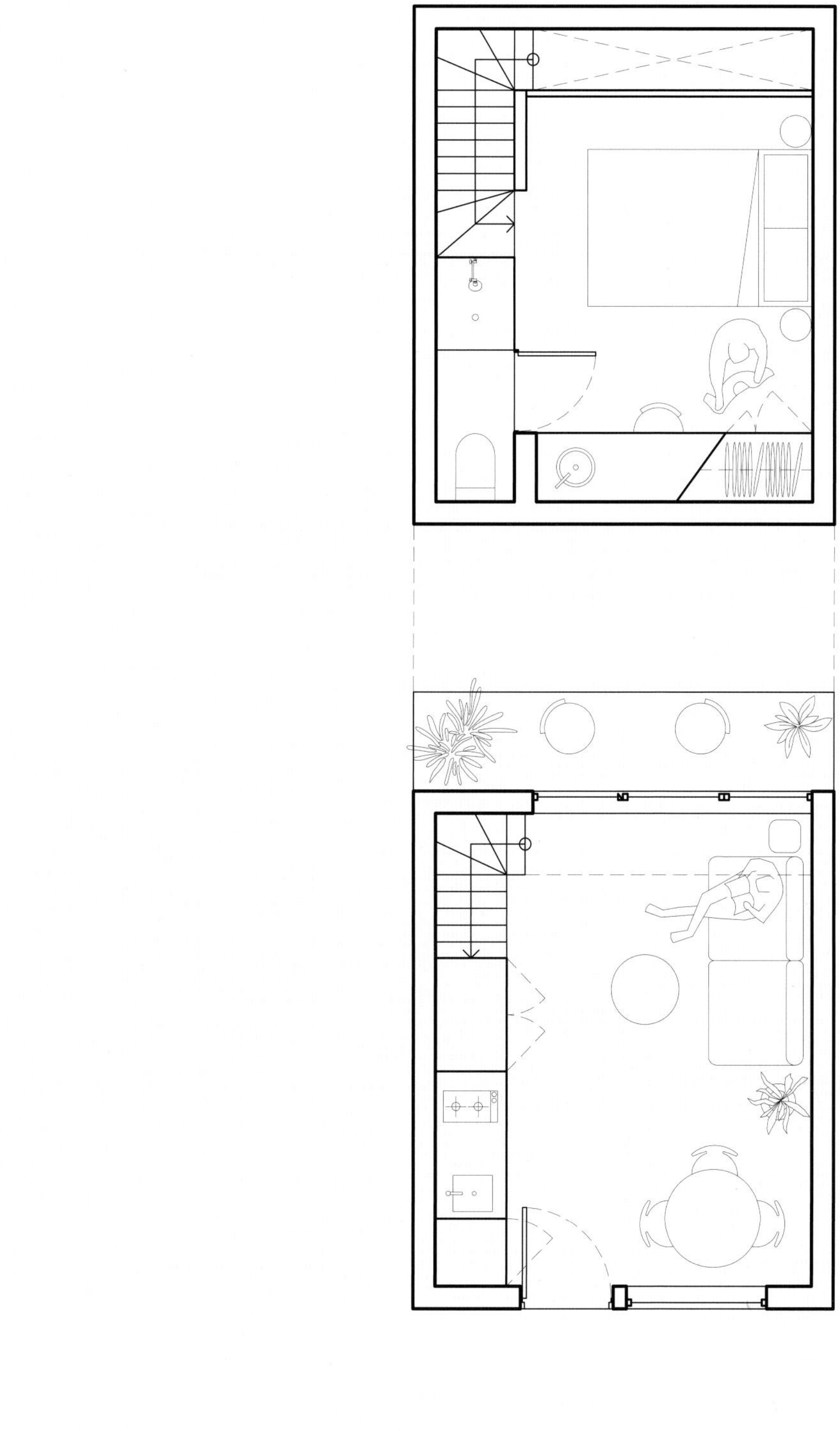

축척 1:100
1
2
3
4
5

왼쪽
계단과 주방, 욕실이 동일한 너비의 공간에 구획되어 있다.

오른쪽 위
침실의 대리석 판은 화장대와 작업대의 이중 역할을 수행한다.

오른쪽 아래
주방가구는 세탁실을 비롯하여 충분한 수납 공간을 제공한다.

100/101쪽
주택에 접해 있는 정원은 채광정light well* 역할을 하는 동시에 자연과의 연결고리로 디자인되었다.

* 건물 중앙에 채광을 위해 마련한 공지 혹은 수직 통로로서, '빛 우물'의 형상을 하고 있어 채광정이라 불린다.

밀라노 프라이빗 아파트

Private Apartment Milan

↗ 30m² / 9평

언타이틀드 아키텍처untitled architecture

이탈리아 밀라노 치타스투디

기하학의 언어는 숙련된 건축가에게 본능과도 같다. 또한 거주자들이 건축가의 의도는 이해하되 숨겨진 트릭을 알아차리지 못할 때 가장 성공적으로 구현될 수 있는 언어이다.

밀라노 공과대학교 인근, 바와 코워킹 공간으로 가득한 젊은 번화가에 30제곱미터(9평) 규모의 깔끔하고 정돈된 아파트가 자리 잡고 있다. 전형적인 1940년대 중앙 정원 스타일 주택단지의 꼭대기층에 위치한 이 아파트는 원래 굉장히 좁고 갑갑하고 어두운 공간이었다. 하지만 아파트의 경사 천장은 이 단점들을 극복하는 커다란 자산이 될 수 있었다. 밀라노(와 모스크바)에 기반을 둔 언타이틀드 아키텍처의 보그던 페릭Bogdan Peric과 안드레이 미할레프Andrey Mikhalev가 받은 요청은 간단했다. 바로 적은 예산으로 멋진 공간을 디자인해달라는 것이었다.

자연광이 풍부하지 않은 스튜디오 아파트 특성상 모든 빛은 방에서 방으로 공유되어야 했고, 따라서 전통적인 벽면 구획이 불가능했다. 대신 주택을 사분면으로 (또는 십자 형태로) 나누어서 하나는 현관과 신발장과 욕실, 하나는 서재, 하나는 주방, 마지막 하나는 거실을 배정했다. 닻 역할을 하는 중앙의 스테인리스 스틸 기둥을 중심으로 아파트의 기능을 네 개의 뚜렷한 구역으로 나눈 것이다.

현관과 서재에 걸쳐 있는 원형 계단을 따라 올라가면 로프트 침실로 이어진다. 침실 아래는 일반적 층고의 현관과 욕실이다. 경사 지붕 덕분에 주택 전체적으로 개방감이 좋은 반면, 이 공간만큼은 대조적으로 아늑한 느낌을 준다. 원형 계단은 이 아파트에서 단연코 특징적인 구조물로, 아파트 전반의 경직된 각도를 중화하는 역할을 한다. 계단의 또 다른 특징은 갈비뼈처럼 감싸고 있는 코발트색의 프레임이다. 이 포인트 색상은 욕실 타일의 줄눈에도 사용되었다.

건축가들은 아파트의 비정형적인 구조를 강조하고 볼륨감을 높이기 위해 색조와 소재 사용을 절제하고 전반적으로 무채색을 선택했다. 대리석과 스틸, 목재는 흰색으로 페인트칠한 벽과 천장을 보완해준다. 옅은 색 오크 바닥재는 공간에 따뜻한 느낌을 주는 한편, 수납장에는 좀 더 차가운 톤의 오크 라미네이트를 사용해서 균형을 맞췄다. 아파트의 빌트인 가구와 수납장은 모두 외벽 쪽에 배치해서 바닥 면적의 불필요한 손실을 최소화했다. 아파트 중앙을 관통하는 스테인리스 스틸 기둥과 함께, 주방 싱크대 뒷벽, 주방과 거실을 구분하는 파티션 벽 모서리에도 메탈 판을 사용했다. 이 메탈 소재는 천장 채광창에서 비쳐 들어오는 햇빛을 반사하고 분산시킨다.

이 아파트는 유달리 작은 공간을 최대로 활용하는 방법에 대한 날카로운 이해를 바탕으로 섬세하게 계획하고 구성한 공간이다. 반복되는 대담한 사각형과 층층이 쌓인 코발트색 곡선, 메탈 모서리—이 모든 것은 더 큰 기하학적 구조가 작용하고 있음을 보여주는 실마리다. 작은 집에서 채광성, 볼륨감, 장래 활용성 중 어느 하나 훼손시키지 않고 성공적으로 공간을 해체한 4분할 레이아웃이 바로 그것이다.

102쪽
원통형 계단실은 아파트의 다소 경직된 기하학적 구조와 대조를 이루도록 디자인되었다.

아래
침실은 기하학적 흰색 타일과 파란색 줄눈으로 마감된 욕실 바로 위에 비슷한 면적을 차지한다.

106/107쪽
아파트의 사분면이 만나는 중심을 스틸 기둥이 관통하고 있다.

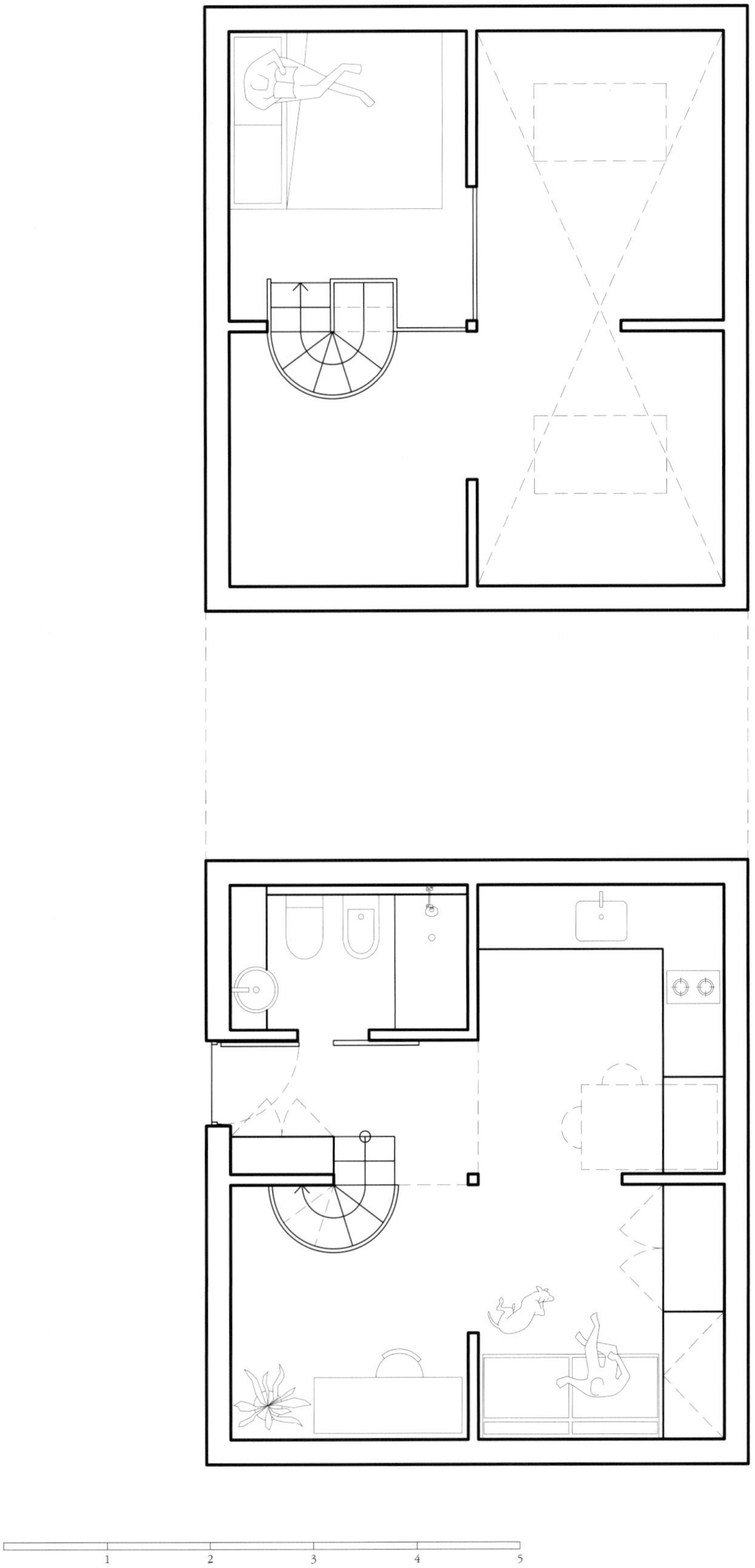

축척 1:100

108/109쪽
스틸 소재가 채광창을 통해 들어오는
햇빛을 반사한다.

위
코발트색 스틸 프레임이 다양한 소재로
만들어진 계단을 감싸고 있다. 첫 두
계단은 천연 대리석, 가운데 부분은 스틸,
로프트 침실로 통하는 마지막 두 계단은
목재로 되어 있다.

오른쪽
스틸로 마감한 격벽이 거실, 주방, 서재를
섬세하게 분리한다.

첼시 아파트

Chelsea Apartment

↙↗ 45m² / 13.6평
본드BoND
미국 뉴욕시티 첼시

뉴욕에서 하이라인High Line을 뛰어넘는 재개발 사례는 찾아보기 힘들다. 1934년 운행을 시작한 고가철도 하이라인은 반세기 동안 허드슨 계곡의 산물을 실어 나르는 '뉴욕의 생명선'이었다.

그러나 1980년대에 고속도로와 화물트럭이 주요 운송수단으로 자리 잡으면서 하이라인은 점차 쇠퇴의 길을 걷게 되었고, 결국 활동을 중단했다. 수년이 지난 후 첼시 주민들은 하이라인 부지 재개발을 추진했다. 첼시 주민들에게 하이라인은 지역의 번영을 가져다준 일등공신이었다. 가족의 생계를 책임지고 부모와 조부모에게 일자리를 준 지역의 심장이었다. 하이라인은 2009년에 마침내 공원으로 재탄생했다. 오늘날 복잡한 도심 거리 위에 위치한 초록색 오아시스이자, 뉴요커들이 차량의 방해 없이 산책할 수 있는 몇 안 되는 공원이다.

하이라인에서 동쪽으로 겨우 두 블록 떨어진 곳에 하이라인과 비슷한 처지에 놓인 45제곱미터(13.6평) 규모의 어둡고 갑갑한 아파트가 있었다. 하이라인과 마찬가지로 전쟁 전에 건설된 첼시 아파트는 비록 인기는 식었지만 견고한 건축물이었다.

본드의 건축가 노엄 드비어Noam Dvir와 대니얼 라우시워거Daniel Rauchwerger는 자신들이 살 집을 디자인하고 있었는데, 전쟁 전 건축된 첼시 지구 아파트들이 좋은 선택이 될 수 있음을 알고 있었다. 이 지역에는 높은 층고와 커다란 창문을 갖춘 견고한 건물이 많이 있었다.

드비어와 라우시워거의 아파트는 길이가 긴 만큼 천장도 높다. 층고가 3미터에 달하고, 양쪽 끝에 위치한 커다란 창문을 통해 자연광이 들어온다. 거실과 침실에 하나씩 있는 창문 사이의 거리는 15미터이다. 창문의 역할을 이렇게 열심히 수행하는 창문은 찾기 힘들 정도다.

하지만 예전에는 잘못된 레이아웃으로 인해 아파트의 이런 장점들이 감추어져 있었다. 원래는 좁고 긴 복도를 따라 세 개의 방이 있는 구조였는데, 자연광을 얻기 위해 내부를 트는 공사를 했다. "내벽을 없애고 하나의 연속된 공간을 만들었습니다. 아파트의 길쭉한 구조를 활용하고 깊이감의 착시 효과를 최대화했죠."

아파트의 채광성을 더욱 향상시키기 위해 드비어와 라우시워거는 유리문과 거울을 설치하고 흰색 페인트와 타일을 사용했다. 예를 들어 침실과 유럽 스타일 주방을 분리하는 벽은 유리로 만들어졌다. 침실과 주방의 거리가 가까운 환경에서, 유리벽은 빛을 막힘없이 통과시키면서도 늦은 시간까지 남아 있는 많은 손님들의 시끌벅적한 소음을 차단할 수 있는 훌륭한 디자인이었다.

스스로를 위한 집을 디자인하는 데는 여러 가지 장점이 있다. 아마 가장 중요한 것은 공간을 어떻게 사용하고 싶은지 정확히 이해하고 있다는 점일 것이다. "우리는 손님 초대를 좋아하고, 또 둘 다 요리를 좋아해요. 그래서 주방과 거실 사이의 벽을 없애는 것은 당연한 결정이었죠."

주방은 침실과 거실을 잇는 복도 역할도 하는데, 주방의 모든 집기는 서쪽 벽에 배치했다. 반대쪽 벽은 (허리 높이의 긴 수납장을 제외하면) 완전히 비워두었는데, 이 커플이 소장한 현대 미술품 전시 공간으로 활용할 수 있다.

개방과 채광으로 요약할 수 있는 이 리노베이션 작업에서 유일하게 자연광이 들지 않는 곳이 욕실이다. 하지만 흰색 타일과 거울을 사용해서 막힌 공간이지만 답답하지 않게 디자인했다.

뉴욕의 부동산은 비싸기로 악명이 높은데, 첼시 지구는 시작은 미약했지만 이제 인기 주거지가 되었다. 대부분의 사람들에게 첼시에서 집을 산다는 것은 수많은 작은 사치를 포기해야 함을 의미한다. 하지만 드비어와 라우시워거의 아파트는 작은 집이 훌륭한 거주지가 될 수 있음을 증명한다. 기념비적인 하이라인과 마찬가지로 첼시 아파트는 뛰어난 비전과 디자인을 바탕으로 오래되고 경시되었던 것을 진정 아름다운 것으로 변모시킨 사례이다.

112쪽
높은 천장에 걸맞은 커다란 창문이 있지만 아파트의 길이 방향으로는 막혀 있어서 양쪽 끝에 위치한 창문의 역할이 중요하다.

왼쪽
싱크대 뒤 대리석 벽과 같은 포인트 요소들이 흰색 페인트칠을 한 벽면 및 수납장과 대조를 이룬다.

116/117쪽
하얗디하얗게 칠한 벽돌 벽 앞에 스테인리스 스틸 케이스로 둘러싼 벽난로가 있다. 이 스틸 케이스는 이 건축가 커플이 디자인하고 지역의 장인이 제작했다.

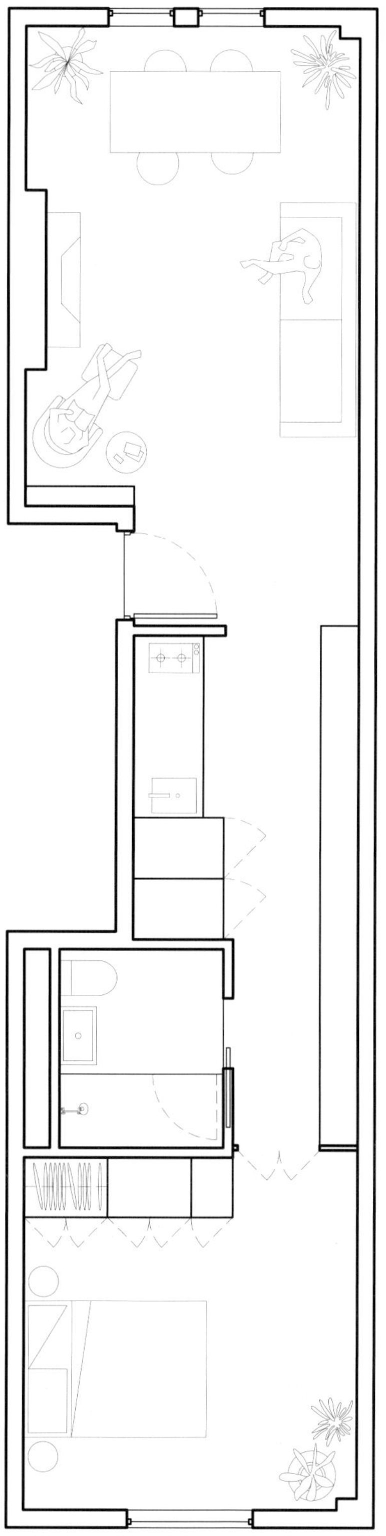

축척 1:100

왼쪽
목제 가구와 녹색식물이 흰색으로 마감된 거실을 보완한다.

오른쪽
내부를 개방하고 이용할 수 있는 햇빛을 증폭시킴에 따라 어두컴컴했던 아파트가 빛으로 가득한 공간으로 변신했다.

확장하다

줄이기 위해 더하기

대부분의 건축가들은 작은 집을 디자인할 때 기존에 설치된 요소들을 제거함으로써 공간과 빛을 확대하고자 한다. 물론 수학적으로 타당한 접근이다. 동선과 빛을 방해하는 요소가 적을수록 보고 느낄 수 있는 공간이 늘어나니 말이다.

하지만 가끔은 건축가가 공간을 보고 나서 정반대의 결론에 이르기도 한다. 빌트인 가구나 구조물을 오히려 추가하는 것이 거주환경을 개선시키는 경우도 있는 것이다. 그러나 용기 없는 건축가는 이러한 접근법을 실행하기 어렵다. 과감한 디자인과 창의성을 갖춘 설득력 있는 건축가만이 그렇지 않아도 좁은 공간에서 가용 면적을 더 줄이는 것이 최선의 디자인이라고 고객을 납득시킬 수 있다.

헤렌5가 디자인한 로프트 바워슬로테르함은 바로 이러한 과감한 접근법을 사용했다. 그들은 3×3미터의 정사각형 목제 구조물을 스튜디오 아파트 한가운데에 설치했다. 처음에는 이상해 보이는 이 구조물 안에는 온전한 크기의 주방과 로프트 침실 공간이 포함되어 있다. llabb의 리비에라 캐빈의 경우 로프트 침실이 한 단계 더 발전했는데, 영리하게 가벽을 설치해서 두 개의 독립된 침실(마스터룸과 게스트룸)을 만들어냈다. 가벽 때문에 바닥 면적의 1/3이 사라졌지만, 소가족 건축주는 바닥 면적과 독립된 침실을 기꺼이 바꾸었다.

줄이는 것보다 더하는 것이 건축가에게 더 큰 용기가 필요하다. 하지만 제대로 구현되었을 때 거주자들이 얻을 수 있는 것은 적지 않다. 작은 집에서 찾아보기 어려운 주방 아일랜드 작업대나 별도의 침실, 소중한 수납 공간을 마련할 수 있다. 이들 건축가들은 작은 면적에서 맞춤형 요소를 추가함으로써 보다 '완전한' 집을 만들 수 있음을 증명했다.

콘크리트 정글 속 라탄

Rattan in Concrete Jungle

40m² / 12.1평

앱선스 프롬 아일랜드absence from island

홍콩 정관오

세계에서 가장 인상적인 작은 집 디자인의 몇 가지는 홍콩에서 찾아볼 수 있다. 8백만에 달하는 홍콩 인구와 편의를 포기하려 하지 않는 오늘날 전문직 종사자들의 특성상 건축가들은 작은 면적으로 대단한 창의성을 발휘해야 한다. 콘크리트 정글 속 라탄이 그 대표적 예이다. 40제곱미터(12.1평) 규모의 이 아파트에는 부부와 어린 아이, 도우미가 살고 있다. 1인당 면적이 약 10제곱미터(3평)라는 것인데, 이는 홍콩 기준으로도 작은 편이다.

본래 이 아파트는 무거운 소재를 사용한 어둡고 갑갑한 구식 아파트였다. 앱선스 프롬 아일랜드 디자인 스튜디오는 오가닉 소재를 사용하면 공간을 보다 부드럽고 환하게 만들 수 있을 것으로 판단했다. 거주자들의 출타가 잦았기 때문에 (부부 중 한 명은 승무원이다) 식물을 가꾸는 것은 불가능했다. 대신, 라탄(종려나무 줄기를 가공한 소재로 가벼운 가구 제작에 사용된다)을 집 안 전체에 적용했다. 건축가 중 한 명은 어린 시절 집에 라탄 소파가 있었는데, 적도 기후의 가장 더운 날에도 시원하게 느껴졌던 것을 기억했다. 앱선스 프롬 아일랜드는 라탄을 가구 소재가 아닌 벽 패널로 쓰고, 스커팅보드로 벽 하단을 장식하고, 에어컨처럼 보기 싫은 생활용품을 가리는 용도로 활용하기로 했다.

기존의 설치물을 적절하게 유지하고 변형하는 것은 앱선스 프롬 아일랜드의 모든 프로젝트에서 공통적으로 나타나는 특징이다. “홍콩에서 아파트는 굉장히 비싸고 작습니다. 작은 공간이더라도 훌륭한 집으로 변화시킬 수 있음을 보여주는 것이 중요합니다. 젊은 층에게 희망을 주고 적은 예산으로도 편의를 포기할 필요가 없음을 알려줄 수 있으니까요.”

아파트의 기존 평면은 전통적인 홍콩 아파트였다. 작은 거실에 다섯 개의 문이 모여 있는 구조였다. 아파트 소유자는 독립된 방의 프라이버시를 여전히 원했다. 다만 벽면 활용성을 높이기 위해 욕실 문 위치를 이동했고, 덕분에 텔레비전을 벽에 걸고 거실 배치를 바꿀 수 있었다.

작은 집 건축가들은 다양성을 염두에 둔 디자인을 하는 경우가 많다. 둘 또는 셋 이상의 목적을 수행하는 방이나 가구처럼 말이다. 하지만 이 아파트의 소유자는 이를 번거롭게 여겼고, ‘거실에서 가장 방해가 되는 아이템’, 즉 식탁과 식탁의자에만 이 접근방식을 요청했다. 식탁과 식탁 의자는 사용하지 않을 때 수납장 안으로 집어넣을 수 있게 되자 아이가 놀 공간이 충분히 넓어졌다.

건축주는 다목적 디자인이 없는 것에는 만족했지만, 수납 공간은 포기할 수 없었다. 사실 여러 차례에 걸친 피드백 과정에서 더 많은 수납 공간을 계속해서 요청했다. 앱선스 프롬 아일랜드의 해결책은 무엇이었을까? 아이 방 바닥을 높이고, 붙박이 소파 아래에 빈 공간을 만드는 것이었다.

소파를 비롯해서 콘크리트 정글 속 라탄의 모든 가구는 맞춤 제작한 것이다. 필수적인 바닥 면적을 확보해야 했기 때문에 맞춤 가구는 벽면에 붙여서 설치했다. 그 결과 아열대 기후에도 편안하게 거주할 수 있는 집, 즉 바람이 잘 통하고 밝은, 실제 면적에 비해 넓은 집이 완성되었다. 무엇보다도 콘크리트로 이루어진 정글 속에 자연다운 공간을 구현해냈다.

네 명이 이처럼 작은 공간에 함께 거주하는 것은 놀라운 일이다. 지구상의 인구가 점점 늘어나니 건축가들이 이러한 공간에서 창의성을 발휘하는 것은 대단히 중요인 문제가 되었다. 건축 산업은 인류의 탄소 발자국에서 커다란 부분을 차지하고 있다. 번듯한 신축 건축물을 세우기에 앞서 이미 존재하는 것을 다시 한번 돌아볼 필요가 있다.

122쪽
함께 사는 공간에서 프라이버시 확보는 중요한 문제였고, 이를 충족하기 위해 독립된 공간을 디자인했다. 각 공간은 필요에 따라 완전히 닫을 수 있다.

오른쪽
주방과 세탁실은 같은 구역을 공유한다. 작은 집에서 흔히 볼 수 있는 특징이다.

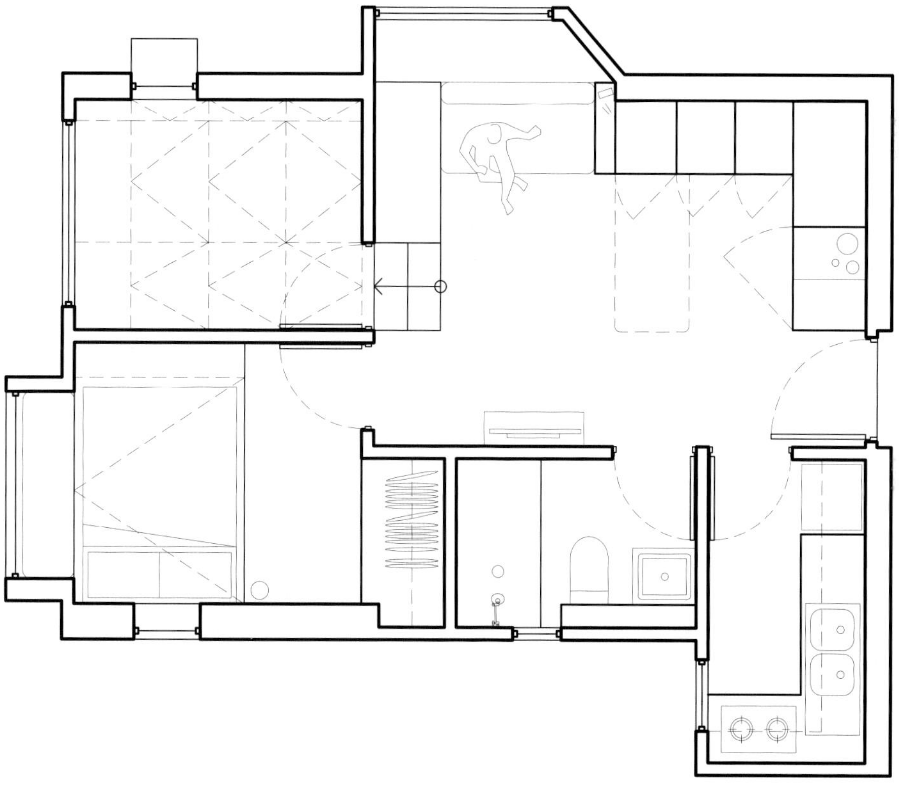

축척 1:100

위
라탄이 아파트 전체 벽면의 2/3를 덮고 있다. 라탄은 집 안에 '오가닉' 소재를 들여오기 위해 선택되었다.

오른쪽
따뜻한 소재 선택과 풍부한 햇빛 덕분에 부부 침실은 평화로운 휴식 공간이 되었다.

128/129쪽
고품질 목재와 라탄의 사용으로 아파트는 자연스러우면서도 고급스러운 느낌을 준다.

왼쪽
바닥을 높여서 작은 집에 거주하는 가족에게 필수적인 '바닥 밑' 수납 공간을 확보했다.

오른쪽 위
주방과 욕실은 맞춤 제작한 플러시도어*로 숨겨져 있다.

오른쪽 아래
디자인 단계마다 수납을 고려했다. 맞춤 제작한 소파 아래에는 세 개의 라탄 서랍장을 설치했다.

* 앞뒤에 합판을 대어 만든 목제 문. 몰딩이나 이음부 없이 평평한 하나의 판으로 이루어져 있다.

피아노 아파트

Piano Apartment

17.6m² / 5.3평

어 리틀 디자인A Little Design

타이완 타이베이

인구 250만 명, 세계 최고가의 부동산 시장 중 하나인 타이완의 수도 타이베이에서 주택을 구하는 것은 하늘의 별 따기이다. 1제곱미터당 부동산가격이 미화 1만 달러를 상회하는 타이베이 중심가 상황은 더욱 심각하다.

전례 없는 부동산 붐에 편승해서 신축된 빽빽한 아파트 단지들의 주택 내부 면적은 협소하기 짝이 없다. 17.6제곱미터(5.3평) 규모의 이 아파트는 애초에는 거주용으로는 너무 좁다고 여겨져서 피아노 스튜디오로 사용되었다.

바닥 면적은 작은 반면, 천장 높이는 3.4미터에 이른다. 어 리틀 디자인의 스민 왕Szu-min Wang 건축가는 높은 천장으로 인한 가능성을 즉시 알아보았다. 바로 이런 점이 작은 집 건축가들이 지녀야 할 특징이다. 벽을 꿰뚫어보고 다양한 기능을 수행하는 구조물을 그려내는 특별한 능력 말이다.

높은 천장 덕분에 왕은 위쪽 공간을 활용할 수 있었다. 왕은 거실 너비와 동일한 크기의 침실을 공중에 만들어냈고, 로프트로 올라가는 목제 계단을 설치했다. 로프트에는 더블베드를 놓고, 협탁 대신 침대 발치에 선반을 설치했다.

기존에 없던 로프트를 만들어냄에 따라 거실을 보다 편리하게 이용할 수 있게 되었다. 침대를 접거나 숨길 필요가 없기 때문에 왕은 빌트인 소파와 책상을 설치할 수 있었다. 하지만 여기에서 눈에 보이는 것이 전부는 아니다. 소파 맞은편 벽에 설치된 붙박이 가구를 펼치면 책상 겸 작은 식탁이 나오는데, 노트북이나 태블릿 거치대로도 활용할 수 있다. 소파 또한 손님용 침대, 책상 의자, 손님 접대용 벤치로도 활용된다.

욕실이 전체 면적에 비해 필요 이상으로 크다는 것도 기존 평면의 문제였다. 그러다보니 기능적인 주방을 만들 공간이 부족했다. 왕은 주방과 욕실의 면적을 재분배하는 동시에 위치를 맞바꾸었고, 계단 아래 공간을 활용해서 냉장고장을 만들고 주방과 거실의 수납 공간을 늘렸다. 새로운 주방에는 두 개의 조리대와 넉넉한 선반을 설치했다. 흰색 타일을 시공해서 공간이 환해 보이는 한편, 벽면 상단의 밝은 콘크리트 마감이 인더스트리얼한 느낌도 준다.

복층이 생긴 데다 네 개의 벽 중 세 개에는 햇빛이 들지 않았기 때문에 아파트가 갑갑하게 느껴질 수 있었다. 하지만 밝은색 마감재가 훌륭하게 사용되었다. 바닥과 주요 부분에 사용된 밝은색 목재, 흰색 타일, 거실 창문을 통해 들어오는 풍부한 햇빛 덕분에 아파트는 실제 면적보다 더 넓고 바람이 잘 통하는 느낌을 준다.

이 정도 크기의 아파트에서 독립된 침실과 거실, 현관, 주방, 욕실을 갖추는 것은 정말 놀라운 일이다. 피아노 스튜디오였을 때도 마찬가지였겠지만, 이 아파트는 이렇듯 작은 공간에서도 잠재력을 알아볼 수 있는 실력 있는 예술가가 필요했다.

132쪽
3.4미터에 달하는 천장 높이 덕분에,
건축가들은 피아노 스튜디오의 높이를
활용해서 로프트 침실을 만들 수 있었다.

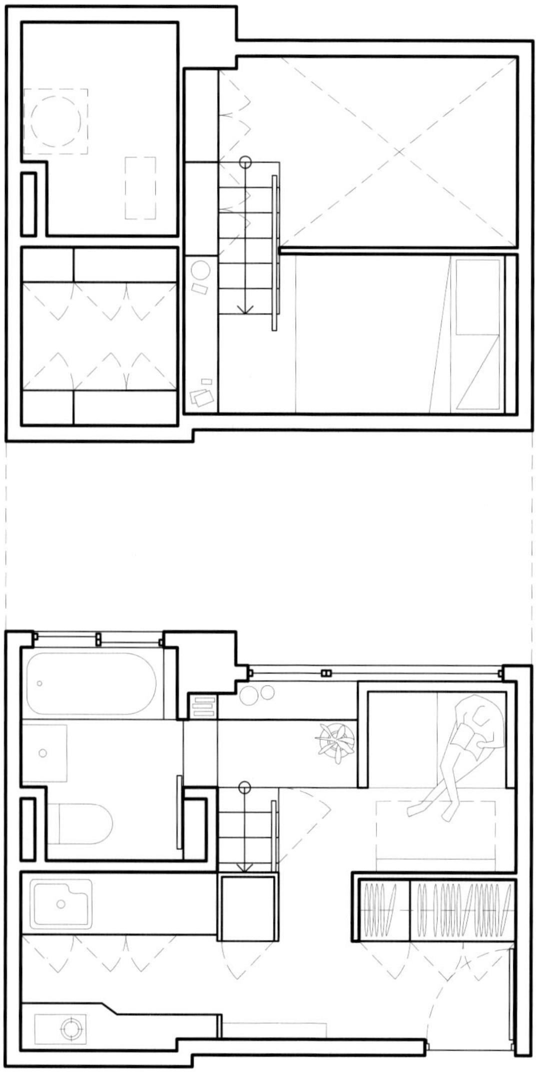

축척 1:100

왼쪽
로프트 아래에서 바라본 거실. 높은 천장 높이를 활용하지 않았다면 침대 하나만으로도 가득 찼을 공간이다.

오른쪽
거실에는 빌트인 소파와 접이식 테이블이 있다. 테이블을 펼치면 숨겨진 수납 공간이 나타난다.

138/139쪽
맞춤 가구와 세심하게 선택된 장식을 활용한 면밀한 디자인이 갑갑함과 아늑함의 차이를 결정짓는다.

DICTIONARY

왼쪽
주방과 세탁기가 현관 복도 끝에 자리 잡고 있다.

오른쪽 위
계단 위 로프트의 침대 발치에는 작은 맞춤 선반이 설치되어 있다.

오른쪽 아래
계단을 설치하면서 생긴 독특한 공간을 최대로 활용하기 위해 욕실과 주방의 위치를 바꾸었다.

요지겐 포켓토

Yojigen Poketto

33.6m² / 10.1평

엘리 [건축설계사무소]

elii [oficina de arquitectura]

스페인 마드리드 라바피에스

마드리드의 엠바하도레스는 고밀도 주거지이자 활동적인 이민자 커뮤니티, 높은 접근성을 바탕으로 활기가 넘치는 지역이다. 이 지역의 문화적 중심지는 라바피에스라는 세련된 지역인데, 새로운 이민자들 덕분에 꼭 가봐야 하는 이국적 식당과 예술가 거리가 형성된 곳이다. 하지만 이러한 인기에 수반되는 대가는 상당하다.

라바피에스를 현재의 인기 지역으로 만들었던 많은 거주자들은 부동산 가격 상승으로 지역에서 내몰렸고, 따라서 이 33.6제곱미터(10.1평) 아파트 소유자들 역시 관광객 달러를 노린 단기 숙박료 상승 추세를 잘 알고 있었다. 하지만 그들은 단기 숙박시설 대신 지역에 정착하고 싶어하는 사람들을 위해 편안한 공간을 만들기로 결심했다. 장기 거주자들을 위해 오래된 인테리어를 바꾸는 것이 지역의 미래에 이바지하는 길이라고 생각한 것이다.

지역 건축설계사무소 엘리는 이 작은 아파트를 설계하는 과정에서 20세기 초반 스페인 아파트의 전형적 특징인 분리된 레이아웃 문제에 직면했다. 아파트에는 1인용 침실이 있었고, 독립된 욕실, 주방, 거실, 복도가 'L'자로 배치되어 있었다.

비전으로 삼았던 요지겐 포켓토(4차원 포켓)를 실현하기 위해서는 아파트 내벽을 철거해야 했다. 요지겐 포켓토는 일본 애니메이션에 나오는 마법 주머니로, 미래에서 온 멋진 아이템들을 담고 있다. 인테리어 공사 끝에 탄생한 공간은 요지겐 포켓토라는 이름과 잘 어울린다. 모든 공간은 벽이나 침실 바닥에 감춰진 수납 공간으로 최적화되어 있고, 한구석에 단을 높인 아파트의 구조에 맞게 맞춤 제작된 가구로 구성되어 있다.

공간 일부를 단지 1미터만 높인 것이지만 이처럼 작은 면적에서는 놀라운 성과다. "단을 높이니 침실의 천장 높이가 낮아졌습니다. 하지만 침대는 원래 눕기 위한 곳이니까, 잠잘 때는 높은 천장이 낭비된다고 생각했죠." 건축가의 설명이다. 천장 높이를 낮춘 덕분에 수납 공간을 크게 늘릴 수 있었다.

침실과 그 안쪽의 욕실은 계단형 구조의 공간을 통해 접근할 수 있다. 영리하게 디자인된 다른 초소형 아파트들과 마찬가지로, 요지겐 포켓토에도 눈에 보이지 않는 요소가 많이 숨어 있다. 예를 들어 계단은 본연의 역할뿐 아니라 유동적인 좌석이 되고, 또 서랍 역할도 해서 옷장 문제를 완벽하게 해결했다.

1층의 바닥 면적도 최대로 활용했다. 사실 이 작은 집에서 최대한으로 만들어놓은 수납 공간의 진가는 오랫동안 거주해봐야 진정으로 느낄 수 있다. 수납 공간을 늘리기 위해 다른 필수품을 없앤 것도 아니다. 주방에는 더 큰 집에서나 기대할 법한 모든 가전제품이 다 갖추어져 있고, 심지어 유럽식 세탁실도 있다. 또 침실을 통해 가는 욕실의 샤워부스는 바닥을 낮추는 방식으로 디자인해 욕조로도 사용할 수 있다. 뜻밖에 누리는 섬세한 호사다.

민트색 수납장, 욕실의 노란색 포인트, 파란색 줄눈으로 마감된 흰색 타일 등 요지겐 포켓토의 재치 있는 컬러 사용은 라바피에스의 활기를 반영한다. 지칠 줄 모르는 스페인의 태양이 집을 환하게 비추며, 요지겐 포켓토가 위치한 이 지역의 생명력을 보여주는 듯하다.

142쪽
재치 있는 목재와 민트색 마감재가 영리하게 디자인된 수많은 수납 공간을 가려준다.

오른쪽
흰색 타일과 파란 줄눈, 선명한 노란색 포인트가 독특하면서도 쾌활한 욕실 분위기를 자아낸다.

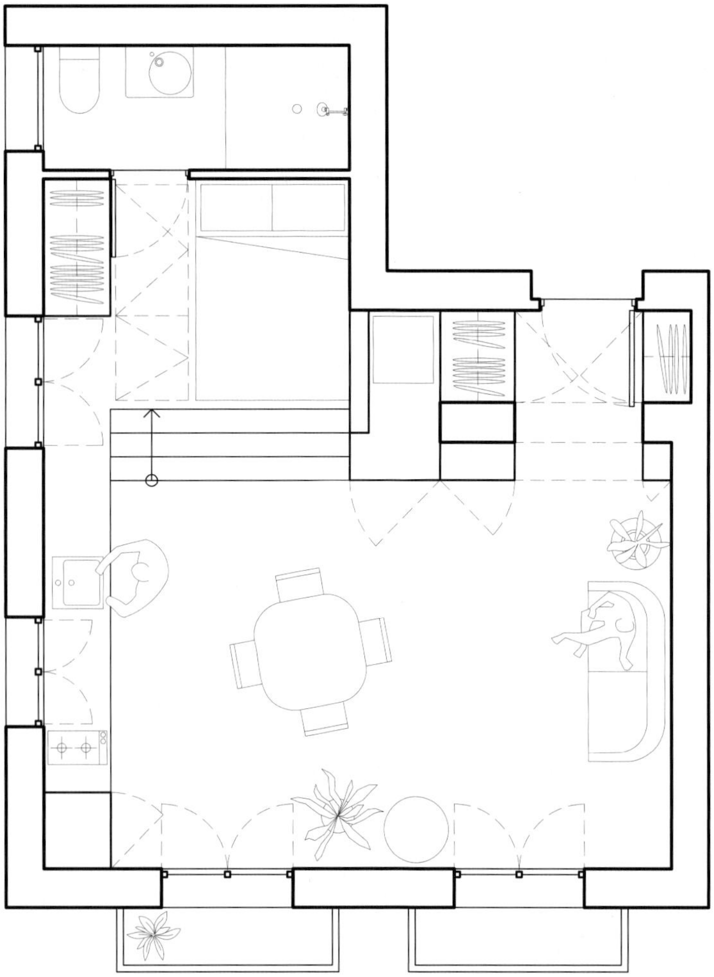

축척 1:100

위 + 오른쪽
계단은 손님들을 위해 스타디움 스타일 좌석으로 사용될 뿐 아니라, 들어내면 특별하게 제작된 서랍이 숨겨져 있다.

왼쪽
요지겐 포켓토의 디자인에서 색은 중요한 역할을 하는데, 특히 대담한 욕실에서 그렇다.

오른쪽
민트색 마감재가 현관부터 거실까지 이어진다.

150/151쪽
거실 한 면을 가득 채우는 유럽식 주방 가운데에는 창문과 아늑한 창가 좌석이 마련되어 있다.

리비에라 캐빈

Riviera Cabin

35m² / 10.6평
llabb
이탈리아 라스페치아 데이바마리나

작은 집을 디자인하는 현대의 건축가들은 조선공의 작업에서 영감을 얻는 편이 좋을 것이다. 기묘한 모양의 작은 공간을 변모시키는 기술을 완성한 조선공보다 더 나은 스승이 또 누가 있을까? 다양성의 대가인 그들은 선원들의 모든 필요를 수용하는 방법을 알고 있었다. 잠자고 먹고 휴식하는 공간은 물론, 항해 중에는 운동하고 노는 공간까지 말이다. 선상 반란과 폭동이 우리의 호기심을 자극하지만, 항해의 대부분의 시간은 평범하게 흘러간다. 대부분의 선박 디자이너들은 선원들의 필요가 충족되면서, 폭동의 여지를 주지 않는 공간들을 만들어냈다.

제노바의 항구 덕분에 리구리아는 이탈리아 해양사에서 중요한 역할을 담당해왔다. 사실 제노바 공화국은 베네치아 공화국 다음으로 유구한 역사를 자랑하는 지역이다. 해안 마을인 데이바마리나에 위치한 35제곱미터(10.6평) 규모의 아파트를 디자인하면서 건축설계사무소 llabb의 공동 설립자인 루카 스카르둘라Luca Scardulla와 페데리코 로비아노Federico Robbiano가 선박 디자인 원칙에 크게 의존했던 것도 자연스러운 일이었다.

리구리아 해안에 위치한 이 아파트는 소가족의 여름 별장이다. 이 가족은 건축가들에게 간단명료한 요청을 하나 했다. 편리하고 살기 좋은 주거 환경을 유지하면서 침실을 가능한 한 많이 만들어달라는 것이었다. 제노바에서 캐비닛 제작으로 커리어를 시작했던 스카르둘라와 로비아노에게 이처럼 상세하고 복잡한 인테리어는 자연스러운 진화의 결과였다. 그들은 현대적 범선으로부터 영감을 얻기 위해 범선 전람회를 찾았고, 범선의 공간 배분, 소재, 숨겨진 수납 공간, 마감재 등에 특히 주목했다. 범선에서 얻은 아이디어는 그들이 맡은 상상 속 집의 목공 작업을 특징짓게 되었다.

리비에라 캐빈에 들어서면 수평선 역할을 하는 목제 띠가 눈에 들어온다. 아파트의 위쪽과 아래쪽을 분할하는 이 목제 띠는 아파트 전체를 두르고 있고, 때로는 선반이나 조리대 표면으로 확장된다. 대부분의 선은 평평하게 벽을 따라 흐르지만, 주방으로 이어진 선은 순풍을 받은 돛처럼 아주 살짝 휘어져 있다. 아파트의 위쪽 2/3, 즉 수평선 위쪽은 하늘색 페인트를 칠해서 더욱 부드러운 느낌을 주는데, 리구리아의 하늘을 연상시킨다. 맞춤 제작된 내벽은 처음 볼 때는 선반과 벽감이 일부 설치된 평범한 벽처럼 보인다. 거실에서 주방으로 이어지는 수평선을 따라가다보면 스카르둘라와 로비아노가 침실을 잊어버렸나 오해할 수도 있다.

하지만 거실 구석에 설치된 계단이 오해를 풀어준다. 계단 위 패널을 살짝 누르면 '선원 숙소'와 수납 공간으로 구성된 첫번째 침실이 등장한다. 리비에라 캐빈에서 열리지 않는 벽 패널은 없다. 모든 벽 패널은 숨겨진 기능이 있거나 어딘가로 통하는 입구이다. 목적 없이 만들어진 쓸모없는 공간은 하나도 없는 것이다.

스카르둘라와 로비아노는 '작은 집에 사는 사람들도 복잡한 삶을 살고 있으며, 아주 작은 공간이라도 단순하거나 밋밋해서는 안 된다'는 사실을 알고 있었다. 선박 설계자들과 마찬가지로, 그들은 디자인이 잘된 작은 공간이 '거주자들로 하여금 "복잡하고" 온전한 방식으로 살 수 있게 해준다'는 사실을 이해하고 있었다. 옛날 제노바의 선박들처럼 리비에라 캐빈은 뛰어난 기량과 견고한 소재, 사려 깊은 공간 활용이 성공의 삼박자임을 증명했다. 그것이 땅 위의 집이든, 바다 위의 집이든 상관없이 말이다.

152쪽
선박 디자인에서 영감을 받은 리비에라 캐빈은 아파트 한쪽 면에 설치한 내벽 안에 '선실'을 만들었다.

오른쪽
침실은 거실에서 완전히 분리하고 차단할 수 있어서 더 넓은 집에서나 찾아볼 수 있는 프라이버시가 확보된다.

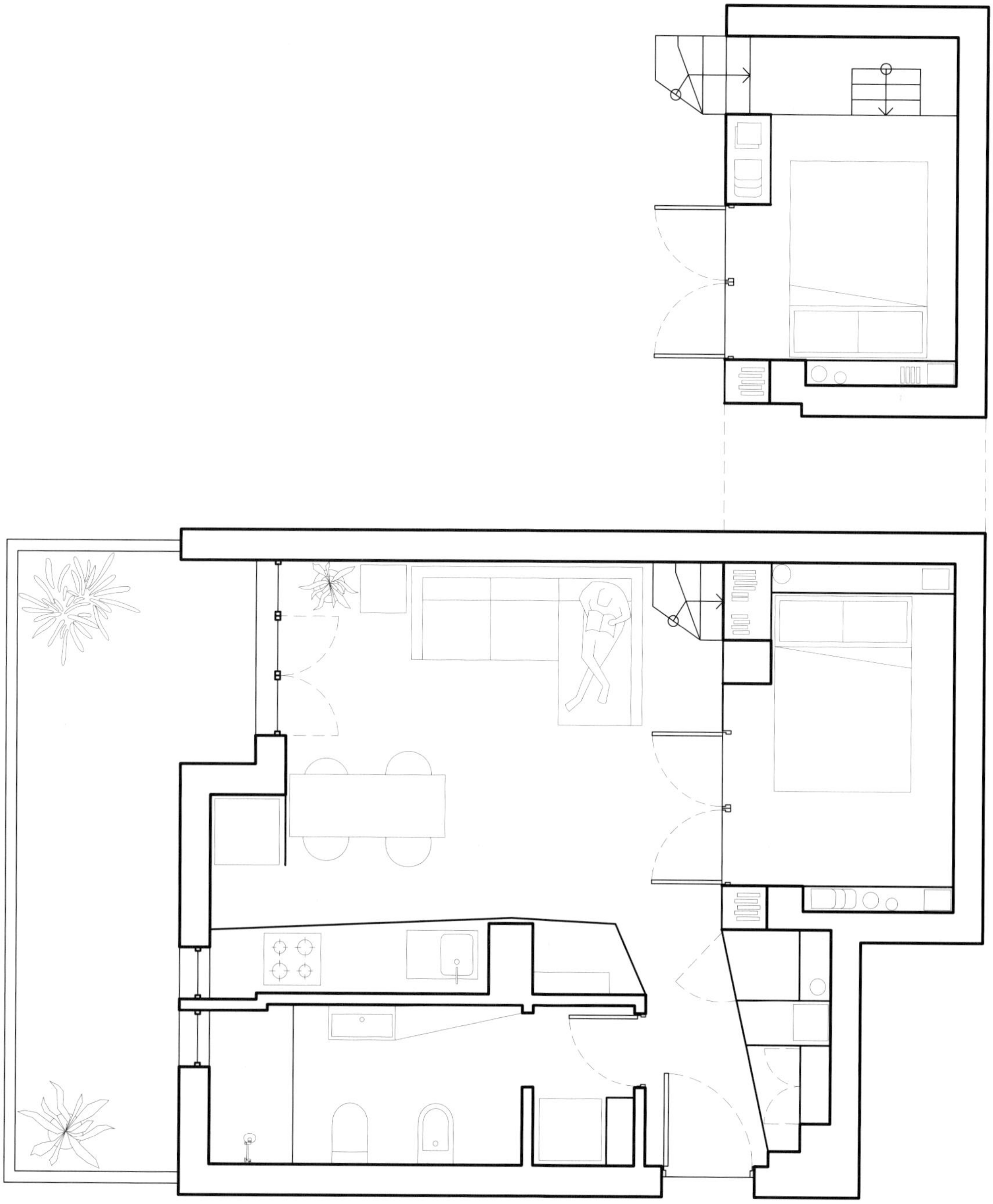

축척 1:100

위
싱크대 끝에 난 좁은 창문을 통해 유럽식
주방으로 햇빛이 들어온다.

오른쪽
침실과 수납 공간을 수용하기 위해
아파트 한 면 전체에 내벽을 설치했다.

왼쪽
계단만 덩그러니 있는 것처럼 보이지만 벽의 패널을 열면 '손님' 침실로 통하는 입구가 나타난다.

오른쪽
내벽에 둥근 모서리의 벽감 선반을 만들어서 수집품과 장식품을 전시할 특징적 공간을 조성했다.

HOKUSAI

아이티너런트

Itinerant

↙↗ 29m²/ 8.7평

T-A 스퀘어Square

호주 멜버른 리치먼드

멜버른의 리치먼드에 위치한 이 아파트는 고급 단기 임대 아파트로 사용되고 있어서 아이티너런트, '떠돌이'라는 이름이 붙었다. 하지만 예전에는 T-A 스퀘어의 건축가 티모시 이Timothy Yee와 그의 아내 린다Linda의 소중한 집이었다. 당시 부부는 그들이 사랑했던 도심 인근 주택가의 부동산 가격 상승으로 이사를 나오게 되었는데, 1960년대 지어진 건물 1층에 위치한 29제곱미터(8.7평) 규모의 이 오래된 아파트를 발견하게 되었다. 그들은 이 아파트를 집과 호텔의 하이브리드로 만들고자 했다. 자신들에게 필요한 편리함과 안락함을 갖추면서도, 훗날 여행자들을 위한 작은 집 디자인의 연구 사례로 만들고 싶었다.

건축가는 일본과 스칸디나비아 건축에서 영감을 얻었다. 두 문화의 디자인 감성에서 각광받는 특징인 천연 목재의 질감과 따뜻함이 그의 디자인에서도 발견된다. 거실 바닥재로는 넓은 오크판을 선택했고, 벽면과 천장은 자작나무 합판으로 덮었다. 통나무집을 연상시키는 이러한 재료들은 분체 도장한 스틸 소재의 검은색 주방 조리대나 타공 철문처럼 무거운 소재와 뚜렷한 대조를 이룬다. 철문은 주방가전의 어수선함을 줄여줄 뿐만 아니라 손님들이 무엇이 어디에 있는지 쉽게 찾는 데도 도움이 된다. 주방의 상부 조명은 샌드블라스트 처리된 검은색 스틸로 맞춤 제작되었는데, 단순하면서도 예술적 형태를 선보이고 있다. 게다가 조명으로서의 역할뿐 아니라 전시품 진열을 위한 선반 역할도 한다.

거실에 연결된 욕실의 위치와 구조는 기존의 것을 유지했다. 하지만 건축가는 흰색 타일을 바닥부터 천장까지 사용해서 보다 넓은 느낌을 주었다. 흰색 타일 위로 수전과 수건걸이가 포인트로 돋보이고, 세면대 위부터 천장까지 이어지는 노출 배관 앞으로 거울이 부착되어 있다. 거울은 아래의 둥근 세면대 형태를 본뜬 것으로, 사각형이 반복되는 배경과 뚜렷한 기하학적 대조를 이룬다.

예전에 독립 주방으로 사용되었던 침실은 아파트의 다른 부분보다 한 단 높여서 디자인되었고, 침대는 그보다 한 단 더 높여 설치되었다. 일본 전통 건축물에서 예술품 전시공간으로 사용되는 도코노마, 즉 단을 높인 벽감과 유사한 구조로 보이는데, 실제로는 기존 주방의 배관을 감추는 실용적 용도로 사용된다.

이 아파트에서 가장 많은 역할을 하는 것은 공용 공간과 개인 공간을 구분하는 수납벽이다. 문틀 위 공간까지 수납장이 설치되어 있는데, 이곳에는 냉난방기가 들어 있다. 집기의 크기를 면밀히 계산한 건축가의 세밀한 디자인이다. 수납벽은 꼭 필요한 공간만을 차지하면서 수많은 역할을 수행한다. 수납벽 덕분에 침실과 욕실로 통하는 좁은 통로들이 생겼는데, 이 통로 안쪽에는 침실과 욕실을 차단하는 타공 철문이 설치되어 있고, 세탁바구니 서랍 등 수납 공간도 구성되어 있다.

세탁바구니는 매일 사용하는 일상의 필수품이지만 건축가가 구현한 분위기와 심미적 환경에서 잡동사니처럼 보일 수 있었다. 그래서 그는 본인의 디자인 체계와 상충되지 않고 오히려 보완하는 세탁바구니를 만들었다. 미니멀한 생활에 적합한 디자인을 추구하면서 본인이 살 수 있고 살고 싶은 공간을 디자인하는 건축가만이 생각해낼 수 있는 디테일이다.

160쪽
아파트의 수납벽 안에 나 있는 철문을 열면 침실이 나온다. 침실을 한 단 높임으로써 배관 통로를 확보했다.

아래
검은색 줄눈으로 마감된 흰색 사각 타일이 작은 욕실을 넓어 보이게 만든다. 욕실 배경의 기하학적 패턴 위에 설치된 수납장, 수전, 미닫이 타공 철문이 포인트가 되고, 노출 배관은 거울 거치대로도 활용된다.

164/165쪽
가벽은 면적을 많이 차지하지 않으면서도 놀라운 수납력을 갖추었다.

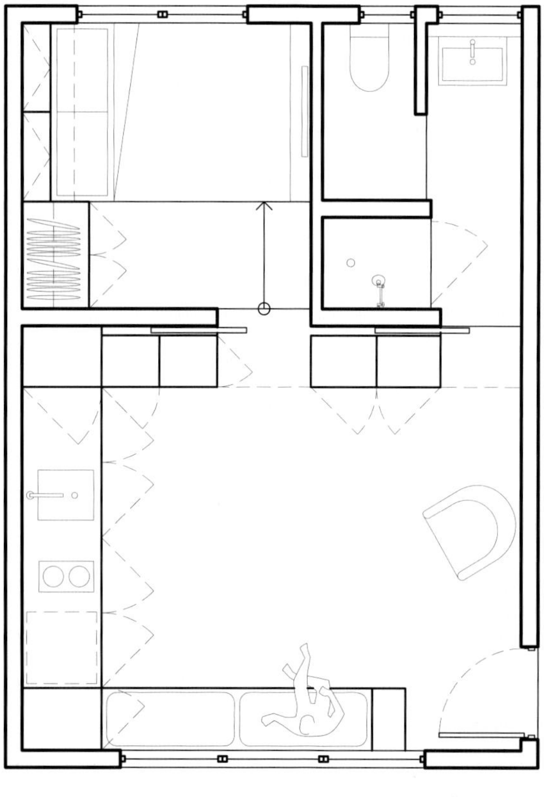

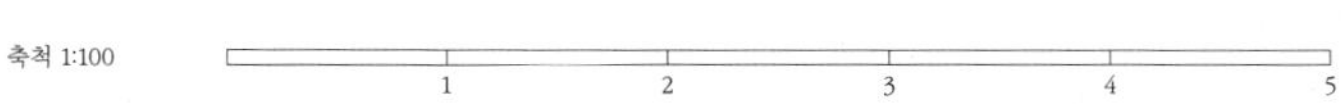
축척 1:100
1
2
3
4
5

HOKUSAI

166/167쪽
검은색의 분체 도장 스틸과 샌드블라스트 스틸이 자작나무 패널 및 오크 바닥재와 뚜렷한 대조를 이룬다.

왼쪽
바닥, 벽면, 천장 전체에 목재가 사용되면서 '통나무집' 같은 느낌을 자아낸다.

오른쪽
침실에도 침대 머리맡 주위에 넉넉한 붙박이장을 설치해서 수납 공간을 확보했다.

로프트 바윅슬로테르함

Loft Buiksloterham

↙↗ 45m² / 13.6평

헤렌 5 아키텍츠 & 파울 티머르
heren 5 architects & Paul Timmer

네덜란드 암스테르담 바윅슬로테르함

소형 아파트를 리모델링하면서 실내 밀도를 높이고 가용 공간을 없애는 경우는 찾아보기 어렵다. 그런데 언뜻 보기에는 로프트 바윅슬로테르함이 바로 그런 경우처럼 보인다. 밝은색 목재를 사용했고 따뜻함과 질감을 주기는 하지만, 거대한 합판 구조물을 45제곱미터(13.6평) 주택 한가운데에 들여놓은 것은 부인할 수 없는 사실이다. 물론 조금 더 자세히 살펴보면 생각이 달라진다.

암스테르담 북부의 오래된 공업지역에 위치한 로프트 바윅슬로테르함은 지역 건축설계사무소인 헤렌 5가 디자인을 맡았다. 헤렌 5의 건축가 쉴 클라위트만스Sjuul Cluitmans와 예룬 아테벨트Jeroen Atteveld는 같은 건물 안에 각기 다른 세대를 위한 세 채의 아파트를 설계했다. 하나는 건축주 본인을 위한 아파트였고, 하나는 그의 할머니, 그리고 로프트 바윅슬로테르함은 그의 딸을 위한 것이었다.

이 아파트는 암스테르담에 있는 커다란 운하인 제이카날 옆에 위치해 있어서 아파트의 전면창을 통해 오가는 사람들을 관찰하기 좋다. 창밖 풍경에서 잠시 시선을 거두면 높이 3미터의 목제 구조물이 시선을 사로잡는다. 3.2미터에 달하는 아파트의 높은 천장 덕분에 건축가들은 활용할 공간이 늘어났고 로프트 구조를 만들 수 있었다. 기둥을 여러 개 세우고 그 위에 로프트 침대를 설치하는 대신, 그들은 가구 디자이너인 파울 티머르와 협업하여 실내 구조물을 짜기로 결정했다. 티머르가 구상한 디자인은 구조물 위에 더블베드를 설치하고, 구조물 내부도 활용하는 것이었다.

침대로 올라가는 캔틸레버 계단은 무게감이 없는 듯한 느낌을 준다. 구조물을 둘러싼 넓적한 테두리는 책이나 노트북 등을 거치하는 실용적 기능을 한다. 계단이 마치 마법처럼 공중에 떠 있는 듯 보이지만 진짜 마법은 따로 있다. 구조물의 숨겨진 문과 서랍, 패널을 열면 널찍한 욕실과 '이 정도 규모의 아파트에서는 실현 불가능한 크기의' 다용도실이 나오고, 단을 높인 거실 아래에는 손님용 매트리스까지 수납되어 있다.

주방은 창문 쪽의 아일랜드 조리대를 포함해서 거의 온전한 크기에 가깝다. 구조물 덕분에 조리대가 커졌고, 4구 스토브와 냉장고, 넉넉한 팬트리와 서랍장을 설치할 수 있었다. 거실은 한 단 높여서 다이닝룸과 분리했는데, 거실과 주방의 다른 기능을 섬세하게 나누는 중요한 역할을 한다.

구조물 위쪽과 아래쪽에 다이아몬드 형태로 마감된 모서리는 소실점을 만들어서 마치 구조물이 나타났다가 사라지는 것처럼 보이게 한다. 구조물은 날카로운 모서리를 모두 없애 자칫 압도적일 수 있는 시각적 형태를 부드럽게 만들었다. 경계선을 잘 알고 기능의 한계를 넘지 않는 지혜로운 방식이다.

170쪽
중앙의 합판 구조물에 욕실, 주방, 수납장을 설치하고, 그 위를 침실로 사용한다.

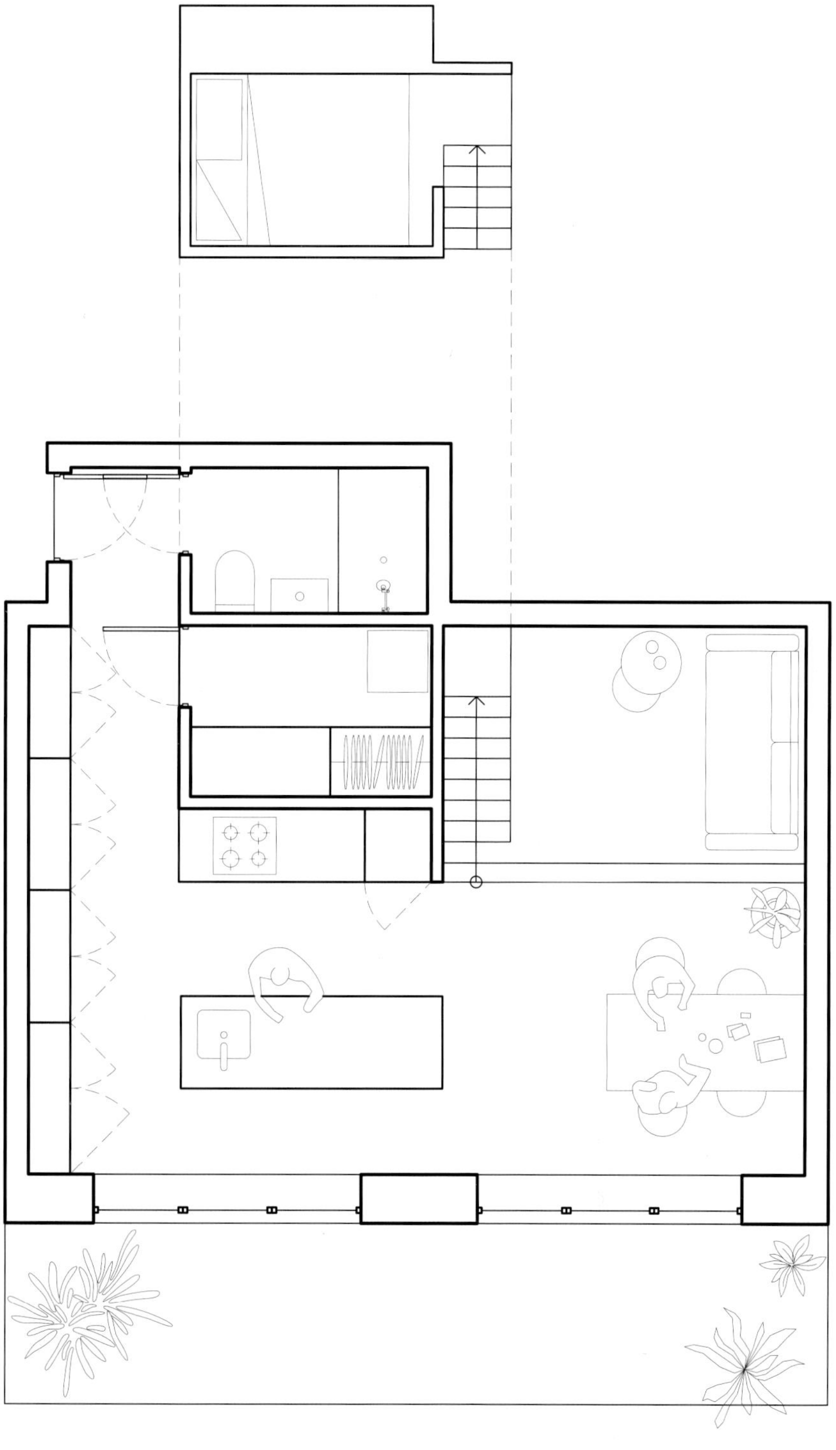

축척 1:100

왼쪽
이 정도 규모의 집에서 보기 드문
아일랜드 조리대가 설치되었다.

오른쪽
다이아몬드 형태로 마감된 모서리는
구조물이 '공중에 떠 있는' 느낌을 줘서 그
무게감을 중화시키는 한편, 아파트 다른
부분의 모서리와 조화를 이룬다.

왼쪽
침실로 향하는 계단이 마치 공중에 떠 있는 것처럼 보인다.

오른쪽
서로 다른 구역은 바닥재를 다르게 하고 다이닝룸과 거실은 단차를 두어서 구분했다.

재생하다

오래된 것을 다시 새롭게 하기

천연자원을 소비하는 건설 산업은 기후에 커다란 영향을 준다. 살기 좋은 집을 만들기 위해서는 빈 캔버스에서 시작해야 한다는 생각에 많은 건축가들이 의문을 제기하기 시작했다. 그들은 새롭고 멋진 무언가를 창조한다는 것이 그 자리에 있는 무언가를 반드시 부숴 없애야 한다는 걸 뜻하지는 않는다고 믿는다.

중·고밀도 주택단지들은 19세기 말과 20세기에 나타난 중대한 발전이었다. 이 시기에 사람들은 고품질 자재와 건축기술을 중요하게 여겼고, 그 결과 견고한 건물이 세워졌다. 이제 이 섹션의 건축가들은 재건축보다 재생에 관심을 갖고 있다.

런던의 바비컨 지구가 그 전형적인 사례이다. 바비컨 지구는 1950년대 건축계를 휩쓸고 지나간 포스트 모더니즘의 브루털리즘 운동을 런던에서 가장 잘 보여주는 예이다. 당시에는 굉장히 의견이 분분했지만 현재의 바비컨은 런던에서 가장 살기 좋은 곳으로 손꼽힌다. 바비컨의 성공은 상당 부분 고객의 생활방식에 따른 기대치에 맞게 아파트 내부를 현대적으로 개조한 건축가들 덕분이다. 이러한 혁신가들은 기존 건물의 많은 특징들, 커다란 창문이나 높은 천장을 잘 활용해서 공간과 빛과 동선의 마술을 이루어냈다.

이와 유사한 디자인 재생운동이 멜버른 도심 인근 주택가부터 몽마르트르 거리까지 세계 곳곳에서 일어나고 있다. 생각 깊은 소유자와 건축가가 오래된 건축물을 되살리기 위해 나란히 힘을 모을 때, 그들은 자신들이 사랑하는 도시를 재생하는 것이기도 하다.

THE AU JASMIN
GREENWHEAT
FREEKEH

카이로 스튜디오

Cairo Studio

23m² / 6.9평

에이지어스 스코포 아키텍츠
Agius Scorpo Architects

호주 멜버른 피츠로이

피츠로이의 카이로 플래츠Cairo Flats는 지역민들에게 매우 특별한 장소다. 1936년 건축된 이 아르데코 스타일 빌딩은 '역사적 유물'로 등록되어 있고, 독특한 건축물로 사랑받아왔다. 베스트 오버렌드Best Overend가 디자인한 이 아파트는 멜버른 중심가의 북쪽에 자리 잡고 있어서 바다에 가까운 선선한 남쪽 교외 지역과는 거리가 멀다. 하지만 이 건물은 바다에서 영감을 받아 건축되었다. 아파트는 둥근 창문이나 있는 원양 정기선을 테마로 설계되었고, 캔틸레버식 콘크리트 발코니와 독특한 나선계단이 특징이다.

오버렌드의 역작으로 꼽히는 카이로 플래츠는 오버렌드가 '미니멈 플랫'이라 명명한 시기의 정점이라 할 수 있었다. 미니멈 플랫은 '최소한의 면적에서 최고의 주거 환경'을 추구하는 것이었다. 건물은 마치 원양 정기선처럼 식당과 세탁실, 사교장을 공유하며 좌우, 위아래로 정렬된 '연속적' 아파트로 디자인되었다.

각각의 집은 작고 조밀하게 밀집되어 있지만, 3미터 높이의 천장과 넓은 창문, 원활한 통풍과 초목이 보이는 공유 공간 덕분에 작은 크기를 상쇄하는 공간감이 있다. 이런 특징적 요소들이 카이로 플래츠 특유의 널찍하고 차분한 분위기에 일조하고 있다.

에이지어스 스코포 아키텍츠의 니컬러스 에이지어스Nicholas Agius가 디자인한 카이로 스튜디오에 처음 들어서면, 스튜디오 면적이 23제곱미터(6.9평)의 1/3밖에 안 되는 것 같은 착각에 빠질 수 있다. 에이지어스는 '내벽과 문을 없애는 대신 각기 다른 몇 개의 공간을 만들고자' 했다. 한정된 공간에도 불구하고 거주자들이 충분한 프라이버시를 보장받는 것이 중요했기 때문이다. 이 과정에서 에이지어스는 북향 스튜디오가 갖는 장점을 활용하고 기존 건축의 디테일이 빛을 발할 수 있게 했다.

에이지어스는 스윙도어와 미닫이문을 설치해서 재치 있는 방법으로 집의 유연성을 향상시켰다. 예를 들어, 기존 주방 위치에 설치된 침대 공간은 주방의 팬트리를 활짝 열어서 내밀한 침실로 만들 수 있다. 침실을 가리는 문은 주방 쪽에서는 숨겨진 선반이 있는 팬트리이고, 침실 쪽에서는 선반이 깊은 책장이다.

주방은 스윙도어 뒤에 숨겨져 있는데, 문을 열면 헛간을 연상시키는 들보와 함께 샛노란색 메탈과 목재가 시선을 사로잡는다. 흰색 페인트칠을 한 거실은 바람이 잘 통하는 방으로, 천장까지 닿는 창문을 통해 충분한 크기의 발코니로 연결된다.

거실 옆에 있는 욕실과 드레스룸은 반투명창으로 구분되어 있어서 빛은 들어오면서도 프라이버시 유지가 가능하다. 욕실과 드레스룸은 둘 다 작지 않은 크기이다. 욕실에는 욕조가 있고 세면대는 드레스룸 겸 옷장으로 사용되는 바로 옆방에 설치되어 있다.

밤이 되면 세밀하게 설치된 상향등이 집 안을 따뜻한 빛으로 채운다. 가구에 숨기듯 설치된 조명은 너무 많은 그림자를 만들지 않으면서 아늑한 분위기를 조성하고, 아파트 전반에 걸쳐 사용된 나무색과 흰색, 노란색 색조를 강조해준다.

카이로 스튜디오는 오버렌드의 미니멈 플랫에 바치는 적절한 헌사와도 같다. 한편으로는 카이로 플래츠의 비전이 지닌 힘과 역사에 경의를 표하면서, 또 다른 한편으로는 현대인의 생활에 세밀하게 맞추어졌다.

180쪽
카이로 스튜디오에서 가장 영리한 요소는 유럽식 주방 한편을 가리는 미닫이문으로, 주방에서는 팬트리로 사용되고 반대쪽에서는 책장으로 사용된다.

오른쪽
침실에서 거실 방향으로 나가는 것을 가로막는 두꺼운 미닫이문은 침실에서 수납 공간으로 활용된다.

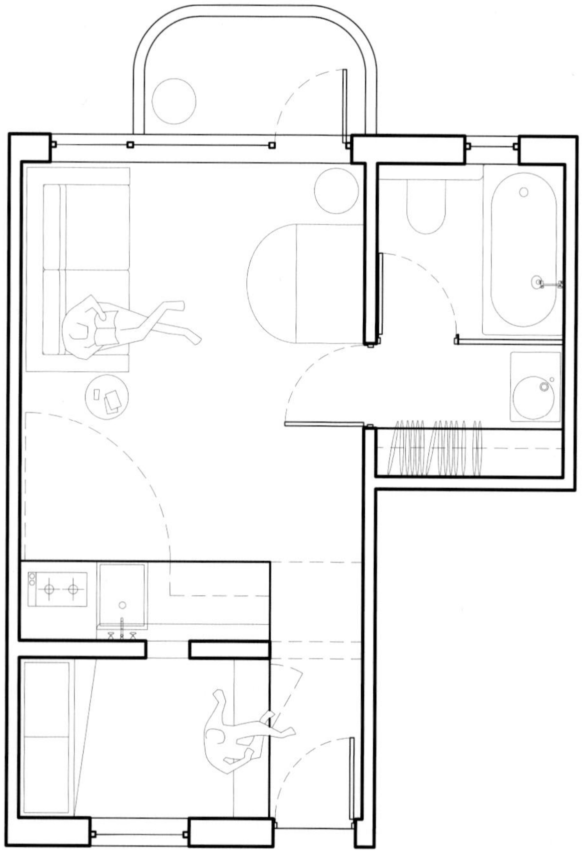

축척 1:100

왼쪽
욕실과 드레스룸을 분리하는 반투명창을 통해 빛이 투과된다.

오른쪽 위 + 아래
실용적인 수납장처럼 보이는 것을 열면 노란색 포인트가 시선을 사로잡는다.

186/187쪽
헛간을 연상시키는 문 뒤에는 잘 갖춰진 주방과 수납장, 팬트리가 숨겨져 있다.

THE WORLD OF CHARLES AND RAY EAMES
JOSIP PLEČNIK
ADAM LIAW
PLENTY MORE
sabbar

커루트

Karoot

40m² / 12.1평
니컬러스 루소Nicholas Russo,
로런 루소Lauren Russo
호주 멜버른 투락

작은 면적의 집은 보통 커플이나 1인 가구를 위한 공간인 경우가 많다. 하지만 아주 크지 않은 공간으로는 가족이 사는 집을 디자인할 수는 없을까? 부부 건축가인 니컬러스 루소와 로런 루소는 멜버른 도심 인근 주택가 투락에 있는 침실이 한 개뿐인 모더니즘풍의 아파트를 리모델링하면서 이 질문에 성공적으로 대답했다. 루소 부부와 어린 두 자녀에게 주어진 면적이 40제곱미터(12.1평)에 불과한 상황에서 이 면적을 어떻게 활용할 것인지가 핵심이었다.

아파트 고유의 특징을 유지하는 것도 중요하지만, 1960년대 침실 한 개짜리 아파트에 일반적이었던 분리된 주방과 같은 특징들은 포기할 수밖에 없었다. 루소 부부는 오히려 새로운 침실을 만들 기회로 보았다. 평면도에서 가장 눈에 띄는 변화였다. 하지만 기존 주방의 배관을 이동하는 고비용의 공사를 진행하는 대신, 그들은 평상을 만들어서 기존의 배관이 침대 아래를 지나 새로운 주방으로 연장되도록 했다. 이 과정에서 상당한 수납 공간도 설치할 수 있었다. 어린 자녀가 있는 가정에서는 아이들의 장난감이나 부피가 큰 생활용품이 점점 늘어나기 때문에 수납 공간 확보가 필수적이다.

개방된 거실 겸 식사 공간으로 옮겨진 새로운 주방은 작은 규모지만 기본형 냉장·냉동고, 오븐, 식기세척기를 모두 갖추고 있다. 이런 주방가전들은 라임색으로 칠한 합판 뒤에 솜씨 좋게 숨겨져 있어서 집안일에 신경이 분산되지 않고 가족생활을 해나갈 수 있다. 부부는 '시공 편의성과 가격, 견고함'을 이유로 합판 소재를 사용했고, 이는 주택의 특징적 요소가 되었다. 빌트인으로 제작한 식탁 벤치(보조 소파로도 활용된다)부터 두 침실의 수납장, 거실의 책장, 현관에 있는 서재 코너까지 다양한 공간에 합판이 사용되었다.

루소 부부는 비록 주방은 변경했지만, 전쟁 이후 시대의 낙관주의와 표현방식을 상기시키는 초록색 벽돌 벽은 유지하기로 결정했다. 이 두드러진 벽은 현관부터 거실 공간까지 쭉 이어진다. 벽돌 벽에는 황동으로 앵글을 짜고, 가족의 필요에 따라 합판 선반을 탈착할 수 있게 만들었다. 불안정한 책장이나 덩치 큰 찬장을 들이는 대신, 이처럼 영리한 대안을 설치한 것은 안전하면서도 미적으로 보기 좋은 결정이다.

두 명의 어린 자녀가 있었기 때문에 천장부터 바닥까지 닿는 창문의 리모델링을 검토할 때 안전이 가장 중요한 문제였다. 부부는 창문의 아래쪽에 허리 높이의 타공 철판을 설치했고, 철판을 통해 햇빛이 들어올 수 있게 했다. 이 철판은 아이들을 위한 보호책인 동시에 프라이버시를 확보하는 역할을 한다.

거실 겸 식사 공간에는 방을 가로지르는 커튼 레일과 커튼을 설치해서 '청각적으로 소음 차단을 보조하고 시각적으로 부드러운 분위기를 내는 천'을 건축 요소로 추가했다. 커튼은 주방을 가릴 수 있고, 또 서재를 가려서 독립성을 제공할 수도 있다. 이 커튼 덕분에 누군가 서재에서 집중하고 있을 때도 소음을 줄이고 시각적 방해 요소를 차단하면서 거실과 주방을 활용할 수 있다. 작지만 가족이 사는 집처럼 느껴지게 만드는 루소 부부의 또 다른 디테일이다.

188쪽
초록색 벽돌 벽은 아파트에 원래부터 있던 요소로, 거실의 두드러진 포인트가 된다.

오른쪽
시폰 커튼은 공간을 나누는 부드러운 칸막이 역할을 하고, 다양한 공간을 분리하거나 개방하기 위해 활용된다.

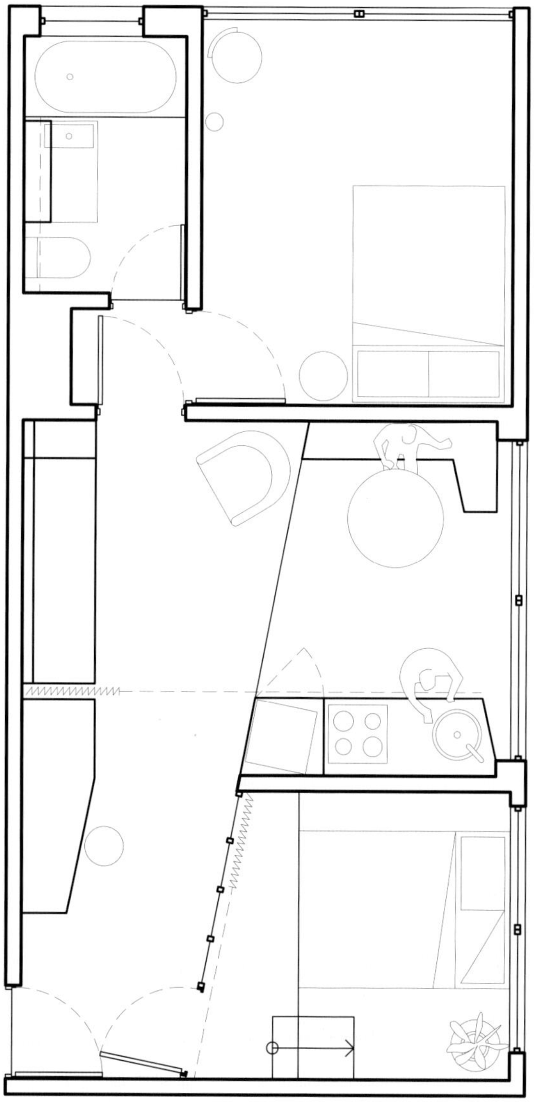

축척 1:100

왼쪽
숙련된 작은 집 건축가들은 가능한 모든 공간을 활용하는 방법을 알고 있다. 커루트의 경우 부부 침대 아래에 맞춤 수납장을 제작했다.

위 왼쪽
주방가전과 수납장을 숨기는 심플한 일체형 주방가구 덕분에 주방은 기능적이면서도 미니멀하게 완성되었다.

위 오른쪽
천장부터 바닥까지 닿는 창문은 자연광을 들이는 멋진 수단이지만 어린아이들에게는 위험 요소가 될 수 있다. 커루트에서는 창문 아래쪽 1/3 높이까지 타공 철판을 달아서 햇빛을 차단하지 않는 안전장치를 마련했다.

왼쪽
침대를 벽감 안쪽부터 설치한 덕분에 보통은 활용하기 어려운 침대 위 공간을 활용해서 수납장을 설치할 수 있었다.

오른쪽
콘크리트 마감된 욕실은 아파트의 다른 부분과 확연히 구분된다.

브레라

Brera

32m² / 9.7평
아토마ATOMAA
이탈리아 밀라노 브레라

밀라노의 브레라 지역은 중심가에 위치해 있고 여러 기독교 순례지에서 가까움에도 불구하고 놀라울 정도로 조용하다. 사실 이 중세 지구는 카를 벤츠가 첫번째 자동차를 만들기 훨씬 전에 계획되고 만들어진 곳이다. 그래서 브레라는 도로들로 둥글게 둘러싸여 있지만, 브레라 주민들은 교통 체증으로부터 자유로운 생활을 누릴 수 있다.

브레라의 일부 지역에서는 좁은 도로가 트렌디한 패션 부티크와 야외에서 식사를 즐길 수 있는 레스토랑이 즐비한 커다란 광장으로 연결된다. 밀라노의 이 트렌디한 지역은 아파트 거주가 주를 이루는데, 다양한 형태의 집에 들어가보면 수세기에 거쳐 형성된 이 지역의 태피스트리를 볼 수 있을 것이다.

이 지역에는 수백 년 된 건물들이 많은데, 대부분은 1800년대에 건축되어 수차례 리노베이션을 거쳤다. 하지만 밀라노의 건축설계사무소인 아토마의 브레라 아파트보다 작은 집에서의 지속 가능한 생활에 대한 현대적 비전을 더 훌륭하게 제시한 곳은 없을 것이다.

18세기에 건축된 건물 안에 위치한 브레라 아파트는 외관과 내부가 굉장히 이질적이다. 아토마 팀은 일본 디자인과 현대 유럽 건축물의 독창성로부터 영감을 받았다. 아토마가 크게 손댄 부분은 '오리가미에서 영향을 받은' 디자인을 구현하기 위해 필요한 공간을 확보하는 과정에서 침실과 거실을 구분하는 벽을 없앤 것뿐이었다. 공간이 개방되면서 건축가는 거주자의 필요에 따라 열고 닫을 수 있는 목제 접이식 문을 설치할 수 있었다. 32제곱미터(9.7평)의 아파트에서 작업할 공간은 크지 않았다. 하지만 이런 영리한 구조 덕분에 침실과 식사 공간, 주방, 거실을 분리할 수 있게 되었다.

이 정도 크기의 주택에서 수납 공간은 포기 항목 1순위인 경우가 대부분이다. 공간이 부족하기 때문이다. 이런 면에서 브레라 설계의 독창성은 정말 놀라울 뿐이다. 침대 하부 공간을 높게 해서 만든 커다란 옷장부터 (이탈리아 가정에서 없어서는 안 되는) 넉넉한 주방 수납장까지, 가능한 모든 공간을 활용했다. 심지어 1.4미터 높이의 침대에 오르내리는 데 쓰이는 계단도 침대 아래로 밀어 넣어 숨길 수 있다.

모든 수납장에 손잡이를 대신해서 뚫려 있는 동그란 구멍 같은 작은 디테일도 브레라를 더욱 특별하게 만든다. 낮 시간 동안 침실을 가리는 접이식 문에도 동일한 구멍이 뚫려 있다. 덕분에 완전히 닫혀 있을 때도 구멍을 통해 햇빛이 조금씩 비쳐 들어온다.

유연성의 개념이 브레라 설계의 두드러진 특징이다. 브레라는 하루에도 수차례 모습을 바꾼다. 어떤 손님이 오전, 오후, 저녁에 한 번씩 방문한다면 방문할 때마다 다른 배치를 볼 수 있을 것이다. 작은 집 거주자는 하루 일과를 수행하기 위해 다양한 방으로 이동하는 사치를 누리지 못한다. 대신 그들은 본인의 생활방식에 맞추어 공간을 변화시켜야 한다.

196쪽
다양한 크기의 구멍들이 주방의 일체형 수납장을 여는 손잡이로 사용되는 동시에, 어두운 공간을 가로지르는 작은 빛줄기 역할을 한다.

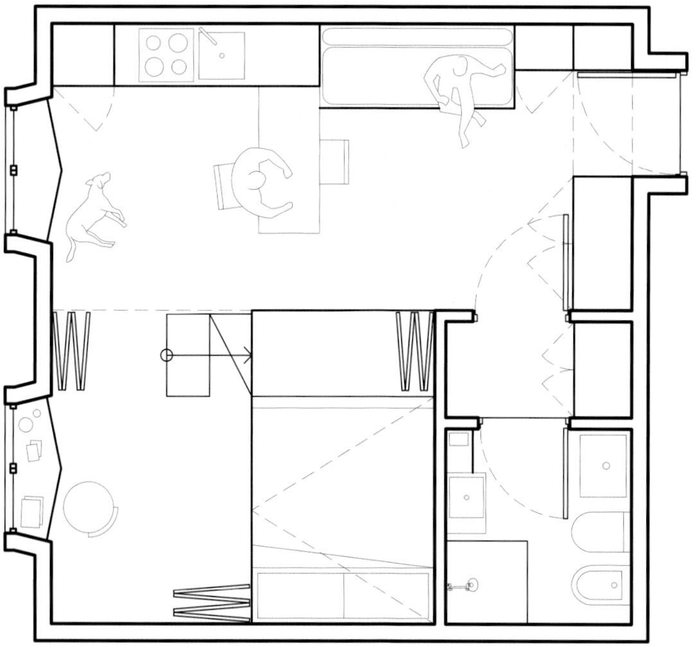

축척 1:100

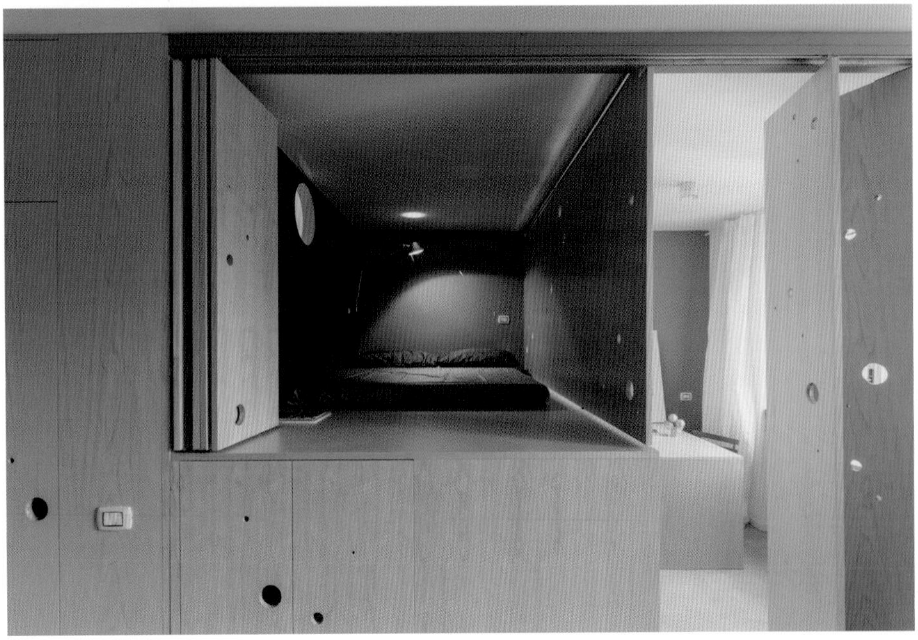

왼쪽 위 + 아래
침실 벽은 양쪽으로 접어서 개방할 수 있다. 반대로 손님이 왔을 때는 침실 벽을 펼쳐서 가림으로써 침실이 너무 눈에 띄지 않게 할 수 있다.

오른쪽 위 + 아래
침대를 들어올리면 숨겨진 수납 공간이 나타난다.

203/204쪽
작은 주택 안에 수많은 수납장과 숨겨진 수납 공간이 있다. 심지어 침실 계단도 사용하지 않을 때는 수납장 안으로 밀어넣을 수 있다.

바비컨 스튜디오

Barbican Studio

- 41m² / 12.4평
- 샘 아키텍츠SAM Architects
- 영국 런던 시티오브런던

런던 중심부에 바비컨 에스테이트가 마지못한 듯 서 있다. 세월의 풍파를 맞아 지친 듯 거무죽죽한 거대한 골조가 런던 시민들의 혐오/증오에 마모되고 있다. 사실, 1970년대 지어진 바비컨 에스테이트는 런던에서 가장 보기 싫은 건물 리스트에 정기적으로 이름을 올리고 있다.

하지만 이러한 (주로 말뿐인) 혐오는 시티오브런던 인구의 상당 부분을 차지하고 있는 바비컨 주민 6,500명과는 전혀 무관한 일이다. 사실 바비컨 에스테이트의 입주대기자 리스트를 기준으로 판단한다면, 실상을 잘 알고 있는 사람들은 이 상징적 단지에서의 생활에 대해 굉장히 다른 견해를 갖고 있음이 분명하다.

바비컨은 과거 로마 요새였던 지역에 위치해 있는데, 도시로 통하는 출입문이었던 것에서 유래해 바비컨이라는 이름을 얻었다. 거대하고 투박하고 방어적인 모습의 이 대표적인 브루털리즘 건축물을 외부 사람들이 달가워하지 않는 것은 당연한 일이었다. 바비컨의 콘크리트 외장재는 거칠고 다듬지 않은 표면을 만들어냈고, 건물 벽에는 화살구멍이 나 있고, 곡선 통로는 일부러 가기 힘들게 디자인된 것 같다. (사실 젊은 가족 거주자가 늘어나면서 이를 반기는 추세다!)

하지만 바비컨 스튜디오는 자신이 속해 있는 바비컨 에스테이트와는 완전히 다른 느낌이다. 환하고 매끄러운 표면과 따뜻한 조명, 시폰 소재의 가림막을 갖춘 차분한 공간이다. 41제곱미터(12.4평) 규모의 이 스튜디오는 미니멀하면서도 아늑하다.

소형 아파트에서 공간 확보를 위해 흔히 사용하는 방법으로 내벽을 모두 철거하는 대신, 샘 아키텍츠의 건축가 멜러니 슈버트 Melanie Schubert는 완전히 상반된 결정을 내렸다. 그는 기존의 구조로는 충분한 프라이버시와 공간 분할이 불가능하다고 판단해서, 중앙 수납장 겸 옷장, 세탁실의 역할을 하고 현관과 침실 사이의 칸막이가 되어줄 다용도 수납장을 디자인했다.

중앙 수납장의 직각 방향으로 침실 너비만큼 반투명한 흰색 커튼을 설치해서 침실과 거실을 분리하고 침실의 프라이버시를 확보했다. 이와 유사한 커튼이 아파트의 벽면을 가득 채운 창문에도 걸려 있다. 이 창문은 작은 발코니로 연결되는데, 런던의 늦여름 바람에 흰색 커튼이 부푸는 모습을 보면 브루털리즘 운동의 전형과도 같은 건물 안에 들어와 있음을 어느새 잊어버리게 된다.

현대적 수세식 화장실 시스템이 설치되어 있지만, 변기만 보면 로마시대의 구식 화장실로 착각할지 모른다. 나무상자에 구멍을 뚫어놓은 구시대적 유물 같은 이 변기는 사실은 디자인 해결책이었다. 로마시대 변기와 달리 뚜껑이 있는 이 변기의 독특한 모양은 가능한 모든 공간을 사용할 수 있도록 의도된 것이어서, 이를테면 옷을 갈아입을 때 의자로 활용할 수 있다.

만약 여러분이 '바비컨에 입주할 수 있는 마법 열쇠를 가진' 2천 명 중 한 명이라면, 여러분도 거주자만을 위해 마련된 전용 정원, 통로, 연못, 폭포 주위를 마음껏 거닐 수 있을 것이다. 이 가공할 요새 안에 슈버트가 구현한 매력적인 집과 마찬가지로, 이런 공용 공간들은 런던 중심가에 있는 타워형 거주지들에서는 찾아보기 힘든 것들이다. 바비컨의 인테리어를 현대적으로 개조하는 건축가들의 작업이 계속되는 한, 바비컨은 앞으로도 살고 싶고 의미 있는 거주지로 남을 것이고, 도시가 예술과 문화, 디자인을 추구하는 흐름을 거스르길 두려워하지 않았을 때를 상기시켜주는 역할을 계속 수행할 것이다.

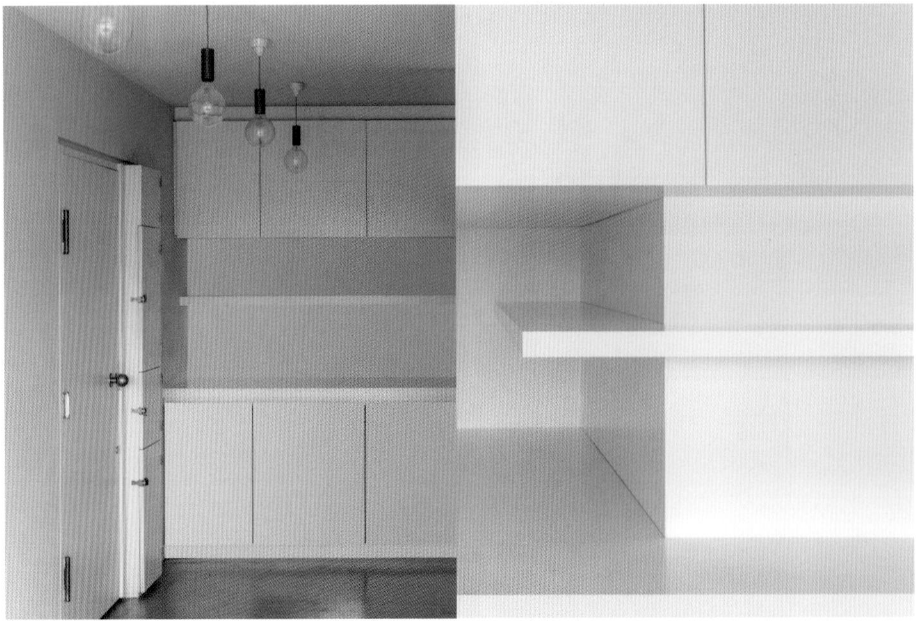

204쪽
스튜디오는 차분한 흰색으로 미니멀리즘을 추구한다. 바비컨의 브루털리즘적 외관과 완전히 상반되는 모습이다.

오른쪽
중앙의 다용도 수납장은 일반 수납장, 옷장과 세탁기를 포함하고, 현관과 침실을 구분하는 역할도 한다.

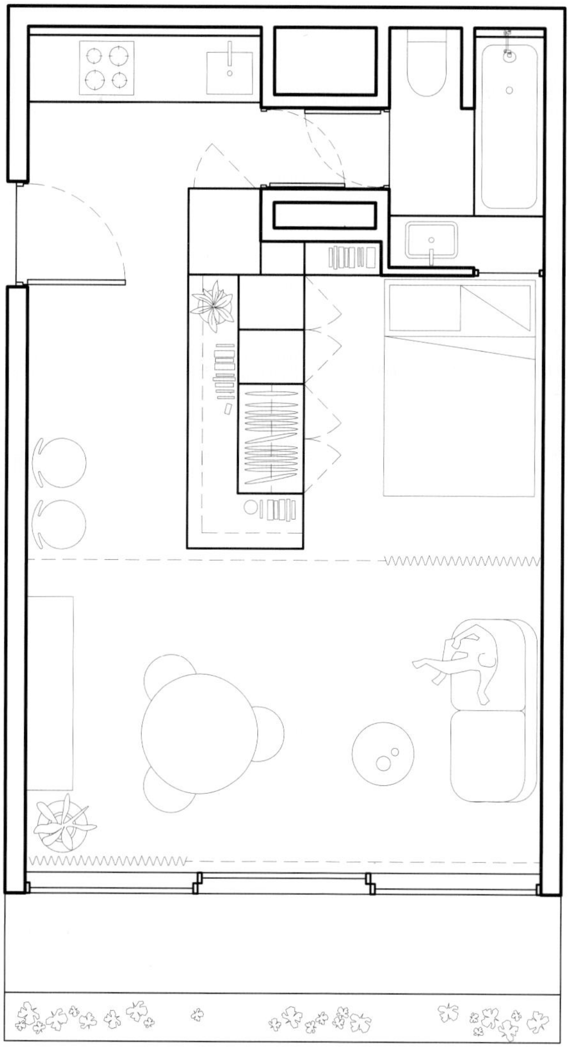

축척 1:100

위
건축가들과 디자이너들의 찬사에도 불구하고, 바비컨 에스테이트는 2003년 영국에서 가장 추한 건물로 선정되었다.

오른쪽
거실은 창문과 발코니에 가장 가까운 공간으로, 저녁이 되면 침대 발치의 커튼을 닫아서 공간 분리와 프라이버시를 확보할 수 있다.

210/211쪽
시폰 커튼과 흰색 마감재의 부드러움이 몇 점의 목제 수납장과 가구와 적절히 균형을 이룬다.

스몰 타운하우스*

Small Town House

40m² / 12.1평
스튜디오마마STUDIOMAMA
영국 런던 베스널그린

* 여러 채의 주택이 벽을 공유하며 수평 방향으로 연결된 집합주택.

베스널그린은 초창기부터 제조업 분야에서 풍부한 역사를 자랑했던 지역이다. 수 세기 동안 베스널그린은 이웃한 스피털필즈와 함께 실크 직조로 유명했다. 하지만 이런 명성이 부를 가져다주지는 못했다. 사실 베스널그린은 참담할 정도로 가난에 시달렸고, 모두가 탐냈던 실크로 유명했던 만큼 슬럼가로도 악명이 높았다.

이 지역의 현대적 건축 특징은 제2차 세계대전 중의 폭격으로 크게 달라졌다. 폭격 이후 수십 년에 걸친 재건 과정에서 슬럼가는 거대한 사회주택 단지로 대체되었다. 하지만 베스널그린은 여전히 버려진 건물과 창고로 가득했다. 저렴한 가격에 더해서, 창고 건물의 밝고 넓은 공간은 창의적 타입의 사람들을 베스널그린으로 이끌었고, 이들이 계속 거주하면서 현재의 이미지로 변모되었다. 런던의 세련되고 역동적인 이 구역은 스튜디오마마의 건축가이자 다양한 제작활동을 하는 니나 톨스트럽 Nina Tolstrup의 거주지이다. 하지만 스몰 타운하우스가 톨스트럽의 집은 아니다.

건물의 앞모습은 목수의 작업장이었던 과거 모습을 떠올리게 한다. 톨스트럽은 목수와 잘 아는 사이였고, 목수가 은퇴할 때 스튜디오로 개조할 생각으로 작업장을 매입했다. 하지만 그는 (편리하게도 자신의 집 안에 있는) 기존 스튜디오의 위치가 더 마음에 들었고, 결국 이 작업장은 가족과 친구들을 위한 숙소로 활용하게 되었다.

작업장은 원래부터 2층이었지만, 천장을 50센티미터 정도 높여서 20제곱미터(6평) 크기의 2층에 로프트를 추가할 수 있었다. 그 결과 1, 2층을 합친 40제곱미터(12.1평)보다 훨씬 더 넓게 느껴지게 되었다.

기존의 작업장은 크기가 작을 뿐 아니라 빛도 매우 귀했다. 톨스트럽은 남쪽 천장에 채광창을 만들고 2층 바닥에 유리 패널을 만들어서 1층 주방과 거실로 빛이 투과되도록 했다. 또 1층 뒷벽에도 유리 패널을 설치해서 현관의 작은 창문에만 의존하지 않을 수 있게 만들었다.

주택에는 두 개의 침실이 있는데 침실이라기보다는 수면 캡슐에 더 가깝다. 이는 의도적인 선택이었다. 톨스트럽은 아늑하게 막혀 있어서 사용자의 필요에 따라 침실, 사무실, 놀이방 등 어떤 용도로도 사용될 수 있는 규정되지 않은 유연한 공간을 만들고자 했고, 수면 캡슐은 이를 반영한 것이었다. 열린 계단을 통해 올라가는 로프트 침실은 마치 나무 위의 집처럼 공중에 떠 있다. 이 두 개의 수면 캡슐은 모두 거의 핑크빛이 돌 만큼 연한 색 목재인 미송으로 만들어졌는데, 동일한 소재가 바닥과 주방 수납장에도 사용되었다. 이러한 소재의 연속성과 흰색 벽과 천장, 그리고 집 전반에 사용된 목재의 따뜻함은 단지 고요한 분위기만을 위한 것이 아니라, 톨스트럽의 스칸디나비아 뿌리를 상기시키는 특징이다.

다양한 예술작품과 (톨스트럽이 직접 제작했거나 업사이클한) 가구들에서 재미있고 유쾌한 색상의 사용이 돋보인다. 하지만 이러한 특징은 영구 고정된 설치물에는 나타나지 않는다. 다만 욕실은 예외다. 욕실은 바닥부터 벽, 천장까지 모두 샛노란색으로 칠해져 있다. 집의 차분한 색조와 대조되는 반가운 놀라움이자 톨스트럽의 모든 작품에서 볼 수 있는 특징적인 기발함이다.

212쪽
모든 가구는 톨스트럽이 스몰 타운하우스를 위해 직접 만들었거나 중고 제품을 업사이클한 것이다.

오른쪽
로프트 수면 캡슐의 모습. 작업실이나 놀이방으로도 사용 가능하다.

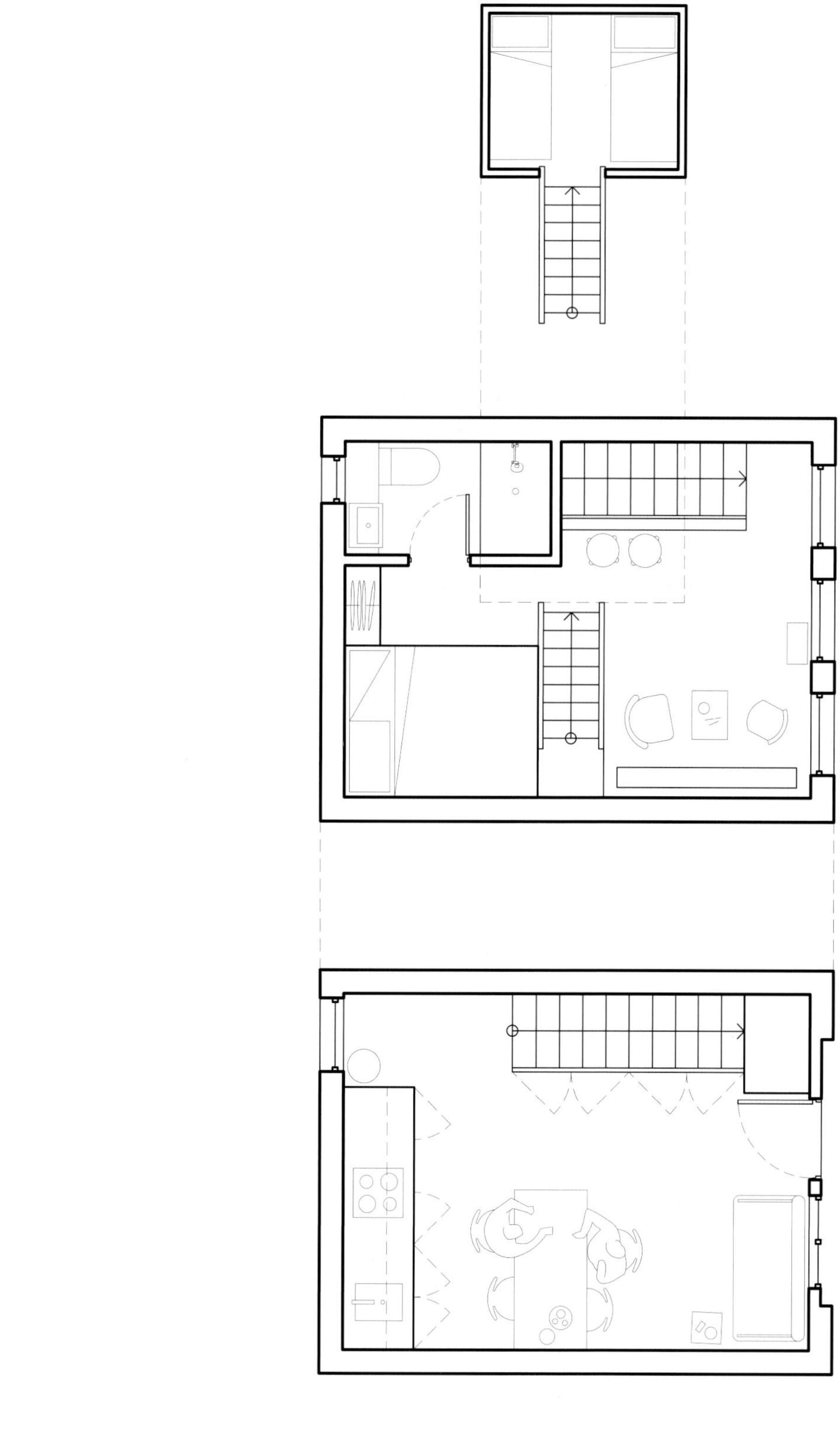
축척 1:100
1
2
3
4
5

216쪽 왼쪽
밝은 노란색 욕실이 흰색의 무채색조와 목재 마감에 포인트가 된다.

216쪽 오른쪽
2층에 설치된 유리 패널을 통해 빛이 투과된다.

오른쪽
로프트 침실은 사다리 형태의 계단을 통해 들어갈 수 있다.

왼쪽
2층 수면 캡슐 아래와 옆에 수납 공간이 설치되어 있다.

오른쪽
원색과 기하학적 모양은 톨스트럽의 가구 큐레이션과 스타일링의 특징이다.

220/221쪽
일관성 있게 사용된 미송 소재가 여기 주방 수납장에도 사용되면서 차분한 분위기를 자아낸다. 톨스트럽은 싱크대의 복잡함을 피하기 위해 끓는 물이 나오는 수도꼭지를 설치해서 전기 주전자의 필요성을 없애버렸다.

TACTILE
Feeding Desire
OLAFUR ELIASSON
Sophie Calle Take Care of Yourself

Hello Oiticica The Body of Colour

CATCH-22
Edible Selby
JAPANESE DESIGN
KM3
MVRDV
New York CULT RECIPES
JERUSALEM YOTAM OTTOLENGHI SAMI TAMIMI
Walk The Line

달링허스트

Darlinghurst

- 27m^2 / 8.1평
- 브래드 스워츠 아키텍츠
- 호주 시드니 달링허스트

건축가 브래드 스워츠가 시드니 중심상업지구CBD 동쪽의, 카리스마 있는 두 건물 중 하나에 위치한 달링허스트 아파트를 매입했을 때, 그는 건물의 매력적인 아르데코풍 특징에 매료되었다. 아치 형태의 출입구와 공동 현관의 오래된 목제 우편물함, 그리고 우편물함을 둘러싸고 있는 연노랑색 타일 등이 눈에 띄었다. 하지만 이러한 시대의 소산과는 달리, 스워츠의 아파트 내부 레이아웃에는 아쉬운 점이 많았다.

면적이 27제곱미터(8.1평)인 달링허스트 아파트의 기존 레이아웃은 거실에서 분리된 별도의 작은 주방이 특징이었다. 이를 통해서 아파트의 연식을 알 수 있었는데, 사교나 휴식보다 식사 준비가 더 중요한 시기의 디자인이었다. 스워츠가 처음으로 한 작업은 오늘날 선호되는 칸막이 없는 오픈플랜식 생활방식에 맞게 주방을 재배치하는 것이었다. 스워츠는 주방을 거실로 옮기고 침실을 기존 주방 위치로 옮겨서 프라이버시와 아늑함을 높였다.

주방은 특별히 주방처럼 보이지 않도록 디자인되었다. 수납장부터 조리대, 싱크대, 수전까지 모두 검은색으로 이루어져 있다. 전반적으로 밝은 흰색인 주택에서 검은색 주방은 압도적이기보다는 우아한 느낌이다. 모든 주방가전은 숨겨져 있고 대형 타일로 만든 검은색 조리대는 매력적이고 날렵하다. 싱크대 상부장 안에 설치된 식기건조대 덕분에 그릇을 보이지 않게 수납할 수 있는데, 그게 없었다면 주방 모습이 지금과 많이 달라졌을 것이다.

달링허스트는 면적을 착각하게 만드는 볼륨감을 갖춘, 통풍 잘되고 환하고 따뜻한 집이다. 기존 레이아웃은 유지될 수 없었지만, 원래부터 달려 있던 창문에서는 지금도 빛이 쏟아져 들어온다. 아파트 한쪽 면에는 무빙 월을 설치해서 '생활 필수품'을 수납하고, 또 필요한 경우에 가려둔다. 아파트 거실을 최대화하기 위해 신중하게 계획된 디자인 모티브다. 침실과 거실 사이의 내벽에는 재치 있게 작은 창을 뚫어서 침실 창문으로 비치는 풍경을 거실에서도 감상할 수 있게 만들었다. 시선을 끌어당기는 레이어링 효과와 깊이감이 돋보인다.

이 다이내믹한 내벽이 평범한 스튜디오 아파트를 기능적이고 유쾌한 2인용 주택으로 탈바꿈시키는 주역이다. 이곳에 거주하는 커플이 불편함 없이 각자의 생활을 영위하는 것을 스워츠는 중요하게 생각했다. 스워츠는 좋은 디자인은 도심지에서의 삶이 타협이 아닌 럭셔리함으로 느껴지게 만들 수 있다고 믿는 건축가이다. 27제곱미터의 소형 아파트라고 해서 와인 24병을 보관할 수 있는 전용 수납장을 설치 못 할 이유가 있을까? 일체형 수납장에 더해서 TV 아래에는 접이식 책상이 설치되어 있어서 TV를 다기능 모니터로 활용할 수 있다.

접이식 책상을 설치했지만 스워츠는 일상생활을 영위하기 위해 맞춤 가구를 계속해서 밀고 접어야 하는 집을 만들고 싶지는 않았다. 사실 이 아파트에 빌트인 가구를 설치하지 않은 것은 아파트의 지속성을 추구하는 건축가의 의도적인 선택이었다. 스워츠는 현대적 삶에 적합한 디자인을 통해 오래된 건축물에 활력을 불어넣는 동시에, 미래를 고려해서 건축적 개입을 최소화하는 것을 목표로 했다. 스워츠는 오늘날 심화되는 도심 밀집 문제를 해결하기 위해서 이러한 접근이 필수적이라고 생각했다. 그는 아파트를 빈 캔버스로 구상했다. 미래에 입주자가 바뀔 때마다 가구와 장식품, 소유물 들로 개인 맞춤형이 될 준비가 되어 있는 캔버스 말이다.

222쪽
천장에서 바닥까지 닿는 무빙 월이 공간을 숨기고 개방하면서 하루 중 일과에 따라 아파트 안에서 다른 기능을 수행하는 게 가능해진다.

오른쪽
귀한 물건이나 애장품을 전시하는 선반을 설치해서 전반적으로 무표정한 공간에 개성을 불어넣는 것처럼, 스워츠는 아파트가 디테일이 추가된 빈 캔버스로 느껴지길 원했다.

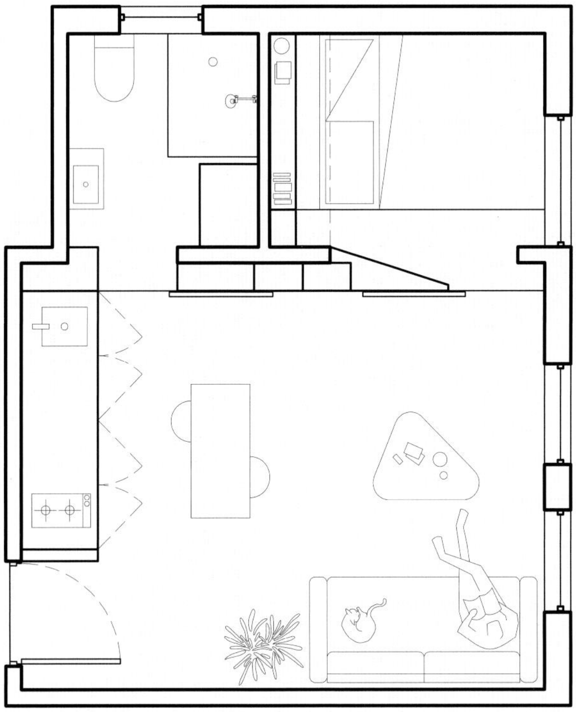

축척 1:100

왼쪽
스워츠는 주방 상부장 위의 공간을 비워놓음으로써 아파트의 높은 천장을 강조했고, 싱크대 뒷면에 넓은 거울을 부착해서 볼륨감과 깊이감을 더했다.

오른쪽
침실은 한 단 높게 설치해서 거실과 분리했고, 그 아래 기존의 배관을 숨기는 동시에 수납 공간을 짜넣을 수 있었다.

왼쪽 위
무빙 월을 통해 침실과 욕실에 완전한 프라이버시를 구현할 수 있다.

왼쪽 아래
내벽에는 접이식 책상이 설치되어 있고, TV를 모니터로 활용해서 컴퓨터 작업을 할 수 있다.

오른쪽 위
내벽 일부가 뚫려 있어서 두 공간 사이로 바람과 빛이 통한다.

오른쪽 아래
와인 24병을 수납할 수 있는 일체형 전용 보관함은 작은 집 살이가 타협을 의미하지 않는다는 스워츠의 믿음을 표현한다.

DA
DA
AFRI
CA
Small Homes
Grand Living
EAMES
CABINS

라 프티트 메종 도트

La Petite Maison d'Hôtes

- 23m²/ 6.9평
- 스페이스 팩토리Space Factory
- 프랑스 파리 구트도르

파리의 몽마르트르 언덕 아래쪽에는 조금 덜 알려진, '금 방울'이라는 뜻의 구트도르가 있다. 피카소나 고흐, 모네, 르누아르, 드가 등 거장들이 살았거나 작업했던 화려한 몽마르트르만큼의 예술적 뿌리는 지니지 못했지만, 구트도르의 풍부한 아프리카 유산은 1세기 이상의 세월을 거슬러 올라간다. 수십 년에 걸쳐 과거 프랑스 식민지에서 몰려든 이민자 행렬 덕분에 '작은 아프리카'로도 불리는 구트도르는 도시 속 또 다른 도시처럼 느껴진다. 작은 식당들은 마페(땅콩 소스로 만든 치킨 스튜), 매운 생선 스튜, 비삽(히비스커스 주스), 플랜테인과 같은 서아프리카 요리를 선보이고, 원단 가게들은 파리의 잿빛 속에서 화려하게 빛나는 서아프리카산 '왁스' 직물을 쌓아두고 있다. 이 지역에는 최근 또 다른 장인들, 예를 들어 제빵사, 보석 세공사, 패션 디자이너, 가구 제작자 등이 모이기 시작했는데, 그중에는 도예가인 사라 부아옐디외Sarah Boyeldieu도 있었다.

부아옐디외와 그의 파트너는 자신들이 거주할 집으로 23제곱미터(6.9평) 규모의 이 꼭대기층 아파트를 샀다. 바쁘고 정신없는 주위 환경에서 벗어날 수 있는 조용하고 안락한 공간을 원했다. 그들은 스페이스 팩토리의 오펠리 도리아Ophélie Doria와 에두아르 룰레-마페이스Edouard Roullé-Mafféïs에게 자신들의 필요를 충족하면서, 손님들이나 단기 숙박객들도 편하게 묵을 수 있는 공간을 요청했다. 그렇게 라 프티트 메종 도트, 즉 '작은 게스트하우스'가 탄생했다.

이 아파트는 원래 두 개의 작은 방과 작은 욕실, 다락방으로 이루어져 있었다. 건축가들이 이 아파트에서 가장 크게 바꾼 것은 다락방을 개방해서 8제곱미터(2.4평) 규모의 로프트로 만든 것이었다. 침실로 사용되는 이 공간은 아래층에서 벗어난 조용한 도피처를 제공한다. 퀸사이즈 침대와 작은 수납장을 놓을 수 있는 크기의 로프트 침실에 사용된 빈티지한 창틀, 그와 대조되는 앤티크한 장미색 페인트는 인형의 집에 대한 향수를 불러으킨다. 정말 집 안에 있는 작은 집, '라 프티트 메종'이다.

로프트 아래의 현관은 낮은 천장 높이를 보완하기 위해 집 전체의 바닥 높이보다 한 단 낮게 만들어졌고, 잡동사니를 수납하고 숨길 수 있는 맞춤 가구를 설치했다. 현관 왼쪽 편에는 외투 보관용 벽장이 있는데 세탁실로도 사용된다. 그 옆에는 개인 물품을 올려놓을 수 있는 벽감이 있고, 그 아래에 신발장이 있다.

주방을 중심으로 하는 거실 구역은 세 개의 이중창 덕분에 환하고 통풍이 잘된다. 내벽을 철거한 아파트는 실제 면적보다 훨씬 더 넓게 느껴진다. 천장을 높이면서 노출된 빔과 흰색 페인트를 거칠게 칠한 형태도 이러한 효과에 일조한다. 오픈플랜 방식으로 만들어진 주택이지만 도리아와 룰레-마페이스의 디테일한 디자인은 각 '구역'에 적절한 차별을 두었다. 예를 들어, '식사 코너'는 부아옐디외가 디자인하고 제작한 펜던트 조명으로 구획되었고, 주방 바닥은 집 전체의 오크 바닥재와 다르게 흰색 모자이크 타일로 마감해서 구분했다. 그리고 아늑한 거실 구역은 넉넉한 책장 및 수납장으로 구성된 벽면 가득한 맞춤 가구가 특징인데, 그 가구의 타공 문 안에는 영리하게도 난방기가 숨겨져 있다.

건축주가 차분한 분위기를 최우선으로 요청했기 때문에 도리아와 룰레-마페이스는 흰색을 주 색상으로 하고 오크와 황동, 앤티크한 장미색을 포인트 색상으로 하는 부드러운 색조를 선택했다. 또한 그들은 훨씬 넓은 집의 편리함과 편안함을 갖춘 집을 만들고자 했는데, 독립된 침실이 이를 실현하는 열쇠가 되었다. 다락방이 필요한 면적을 제공했지만, 연결하는 계단을 완성하기까지 디자인 과정에서 수차례의 시행착오를 반복했다. 캐주얼한 의자로도 사용되는 오크 계단이 주방 조리대까지 이어지고, 오크 사다리가 조리대부터 침실까지 오르는 길을 커버한다. 대단히 비전형적인 접근이자, 역동적인 동네와 마찬가지로 창의성이 돋보이는 디자인이다.

230쪽
주방 조리대와 결합된 계단은 로프트 침실로 이어진다. 로프트는 기존 다락방을 확장해서 만들었고, 스튜디오 공간에서는 실현 불가능한 프라이버시와 호젓함을 제공한다.

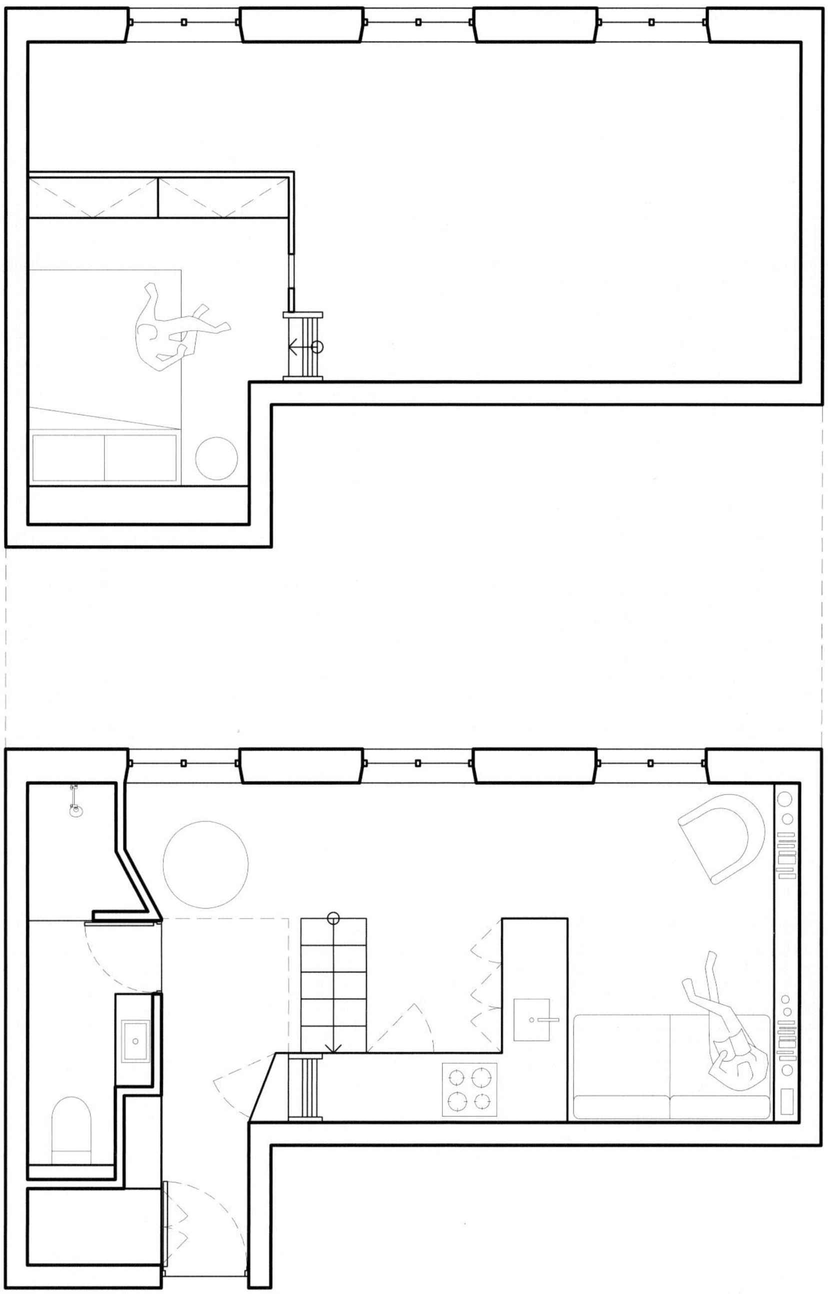

축척 1:100

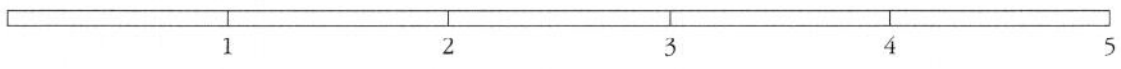

위 왼쪽
주방 수전과 수납장 손잡이, 조명 이음부에 사용된 황동 포인트는 아파트의 다른 부분에도 사용되어 일관성을 보여준다.

위 오른쪽
'식사 코너'는 펜던트 조명을 달아서 공식화되었다. 조명갓은 아파트 소유자인 도예가 부아옐디외가 직접 디자인한 것이다.

오른쪽
이 아파트에는 다양한 기능을 가진 요소의 사용이 필수적이었다. 계단은 의자나 소지품 거치대로 활용되고, 주방 조리대는 계단의 일부로 사용된다.

왼쪽
욕실은 바닥부터 천장까지 타일로 마감해서 높이가 더 높아 보이는 착시효과를 일으킨다. 청록색 타일을 사용한 욕실 아래 부분은 재미있는 색상 배치가 돋보인다.

오른쪽
거실 수납장 하단의 타공 문 안에는 아파트의 난방기가 숨겨져 있다.

MilK
DADA AFRICA
Small Homes Grand Living
CABINS
PROUVÉ
EAMES

혁신하다

비전, 그 이상을 추구하기

작은 집 디자인에서 혁신은 다양한 의미를 지닌다. 때로는 맞춤 가구나 과감한 특징을 고안해내기도 하고, 때로는 장소가 디자인의 영감이 되기도 한다. 혁신이 편리함보다 아름다움을, 기능성보다 예술성을 추구하는 경우도 있고, 특별한 장인정신을 다른 무엇보다 중요시하는 경우도 있다.

스페이스에지 디자인의 윌리엄 챈이 디자인한 앨릭스는 미니멀리즘의 결정체이라 할 수 있다. 싱가포르 중심가에 위치한 이 아파트는 가구부터 페인트 선택까지 모든 것을 현대 미술관처럼 느껴지게 기획했다. 그 아름다움은 장식을 배제해서 완성되었다. 혁신을 보여주는 또 다른 예로 홍콩에 기반을 둔 건축가 넬슨 초가 아파트 바깥에 있는 언덕 위 숲을 주인공 삼아 디자인한 트리하우스가 있다. 외부를 적극적으로 끌어들인 멋진 사례이다.

때로 건축가들은 과감한 비전이나 수평적 사고방식을 실현하기 위해 기존의 규칙을 내던지기도 한다. 예를 들어 프란체스카 페라니의 어번 캐빈은 주방에 3D 프린팅 타일을 사용했고, 고압축 목재 판상재로 거실을 마감하고, 욕실의 울퉁불퉁한 석벽을 중화하기 위해 매끄러운 푸른색 유광 레진을 사용했다.

이 섹션의 집들은 모두 다 대단히 독특하지만 공통점이 존재한다. 일반적 건축가들이 추구하는 비전 그 이상을 추구한 건축가들의 작품이라는 것이다.

마이크로럭스

Microluxe

22m² / 6.6평

스튜디오 에드워즈Studio Edwards

호주 멜버른 피츠로이

마이크로럭스, 즉 작은 사치라는 이름을 보면 알 수 있듯이, 절제는 마이크로럭스가 추구하는 덕목이 아니다. 스튜디오 에드워즈의 건축가 벤 에드워즈Ben Edwards는 우리 모두가 더 적은 것을 가지고 살아야 한다고 생각한다. 더 작은 공간에서 더 적은 소유물을 지닌 채 말이다. 하지만 '더 적게'가 화려함을 포기하라는 뜻은 아니다.

에드워즈가 멜버른 도심 인근의 예술성 넘치는 주택가 피츠로이에서 22제곱미터(6.6평) 규모의 이 스튜디오 아파트를 발견했을 때, 그는 상대적으로 저렴한 가격과 작은 면적에 이끌렸다. L자 형태의 합판 소재 주방과 '형편없는 설비' 때문에 '조금 암울'했지만, 골조는 양호했다.

마이크로럭스는 평범한 외관의 수수한 아파트 건물 안에 있다. 에드워즈는 이러한 입지적 특징을 방문객들을 놀라게 할 수 있는 장점으로 보았다. 그는 고객들이 자신의 디자인을 감상하고, 일부(조명기구, 미술 작품 등)는 구매할 수 있는 대여/판매 공간을 만들고 싶었다.

현관문을 열고 들어서면 블랙과 화이트의 일본풍 욕조가 보인다. 작지만 깊은 이 욕조는 대리석 기단 위에 장엄하게 자리 잡고 있다. 대리석은 벽면을 대각선으로 가르고 있는데, 핏줄 같은 검은색 무늬가 흰색과 회색 바탕에서 두드러진다. 그 효과는 드라마틱하지만 실용적 목적이 배제된 것은 아니다. 대리석 기단은 욕조의 배수관을 숨기는 역할을 한다.

아파트 전체는 방문객들이 아파트를 탐험하고 만져보고 싶게 만들어졌다. 하지만 각각의 화려한 요소들은 가공하지 않은 자재들로 균형을 이루고 있다. 철판으로 마감한 주방 수납장과 뒷벽이 대리석 기단과 대조를 이루는데, 대리석 기단이 수납장 한쪽을 받치고 있어서 공중에 떠 있는 듯한 모양새다. 주방 위 각도를 달리한 회벽 마감 천장은 브루털리즘을 상기시킨다. 이는 주방 옆과 거실의 커다란 금색 거울 한 쌍과 대조를 이룬다. 금색 거울은 공간을 확장하는 한편, 따뜻한 느낌을 준다. 대리석 기단과 마찬가지로 거울도 두 가지 목적을 수행하는데, 거울 자체의 기능뿐 아니라, 각각 접이식 침대와 욕실을 가리는 문 역할을 한다.

거실 겸 침실 벽은 거친 뿜칠로 도장을 해서 천장의 진회색과 자연스럽게 어우러지도록 만들었다. 덕분에 이 공간은 클럽을 연상시켜 친밀함이 느껴진다. 조명도 굉장히 재미있는데, 아파트 전체적으로 조명은 찾아보기 힘들 정도지만 예술적으로 배치되어 있다. 각이 진 형광등이 각각 다른 장소에 숨겨져 있거나 무리지어 있어서 공간의 질감을 강조하고 분위기를 조성한다.

아파트에서 가장 흥미로운 디테일 중 하나는 벽 위쪽에 일부러 상처를 내서 구멍이나 콘크리트 구조물, 즉 건물의 특징적 층위를 노출시킨 점이다.

스틸로 만든 커다란 여닫이문을 통해 거실에서 개인 정원으로 나갈 수 있고, 문을 닫았을 때도 외부 세상과 계속 연결된 느낌을 준다. 미닫이문을 설치해도 효과는 유사하겠지만 이런 디테일, 즉 움직임과 드라마, 예상을 벗어난 크기 등이 신발상자 같은 틀에 박힌 아파트에서 탈피하고자 하는 에드워즈의 결심을 반영한다.

마이크로럭스의 어떤 점도 '안전한' 선택으로 볼 수는 없다. 하지만 그 결과는 무계획과는 거리가 멀다. 마이크로럭스는 궁극적으로 개인화된 기능과 유쾌함을 염두에 두고 디자인된 집이다. 에드워즈는 작은 공간들을 좋은 실험 대상으로 여기고 있으며, 마이크로럭스는 작고 실용적인 것도 화려하고 부유하고 호화로운 것과 아무 문제 없이 공존할 수 있음을 분명하게 보여준다.

240쪽
에드워즈의 마이크로럭스에서 대리석과 금색 거울 마감재가 검은색 스틸, 콘크리트, 일부러 거칠게 마감한 표면과 강한 대조를 이룬다.

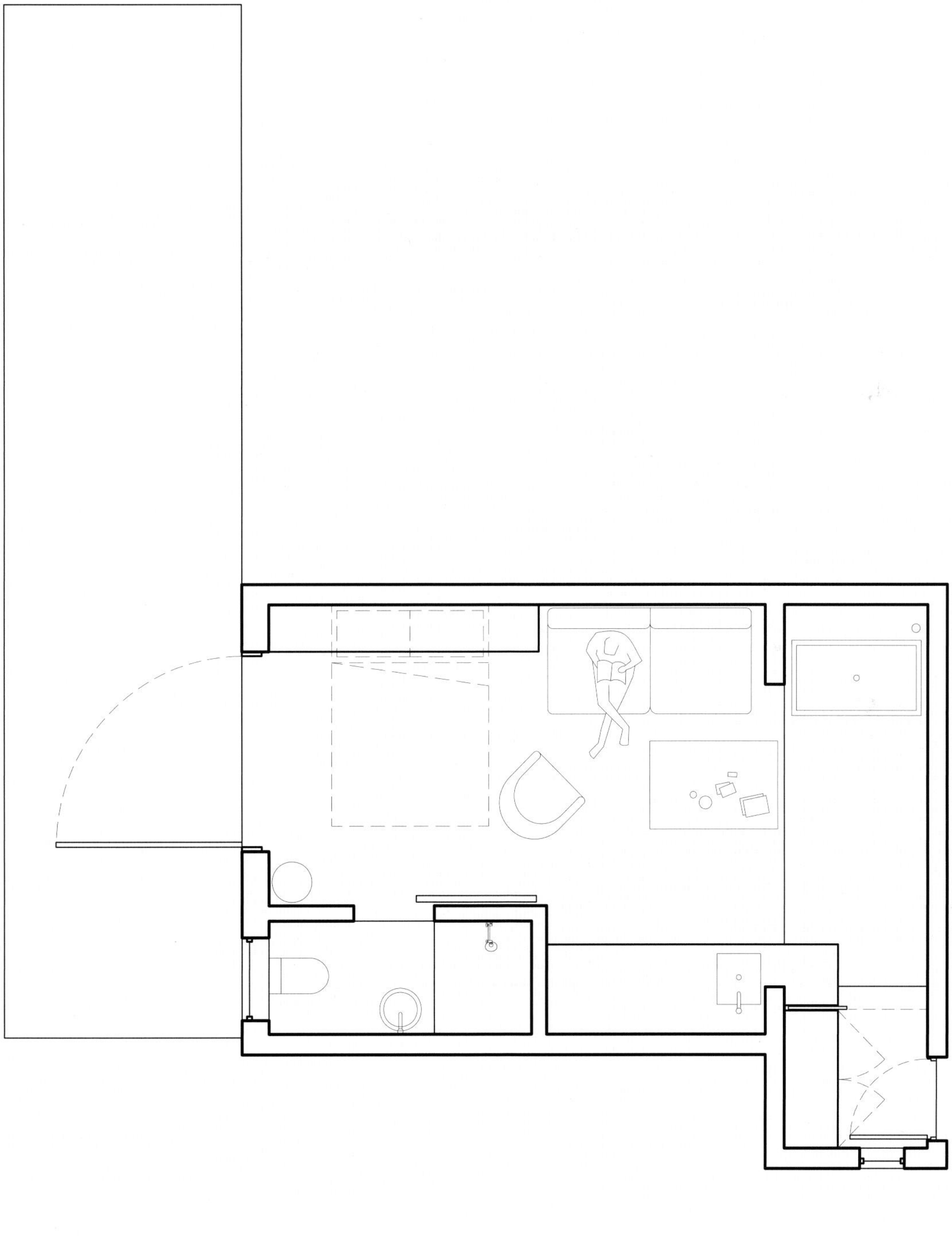

축척 1:100

왼쪽
틈새 조명으로 재치 있게 강조되는, 주방 위 각진 회벽 마감 천장이 브루털리즘적인 느낌을 준다.

오른쪽
주방의 거친 마감재는 아파트 다른 곳의 화려한 마감재와 대조를 이룬다.

MR.SMITH

왼쪽
규칙 없이 이어붙인 대리석 타일로
이루어진 포인트벽과 기단이 인상적이다.

위 왼쪽
2개의 금색 거울 패널 중 하나 뒤에는
접이식 침대가 숨겨져 있고(다른 하나는
욕실의 미닫이문이다), 침대를 펼치면
거실이 화려한 침실이 된다.

위 오른쪽
에드워즈는 공간의 '생동감을 더하기'
위해 일반 거울 대신 금색 거울을
선택했다.

앨릭스

Alex

47m² / 14.2평

스페이스에지 디자인SPACEDGE DESIGNS

싱가포르 부킷바톡

건축가에게 건축주가 꿈꾸는 집에 대한 비전을 재해석해달라고 요청하는 것은 신뢰의 문제다. 하지만 꿈의 집이 경쟁이 심한 부동산 시장인 싱가포르의 아파트라면, 건축가를 훨씬 더 신뢰해야 할 것이다.

싱가포르 스페이스에지 디자인의 대표 윌리엄 챈William Chan은 독신이자 자신의 팬인 한 고객이 결정을 전적으로 위임하는 의뢰를 해왔을 때 이미 그 신뢰를 얻었다. 빈 캔버스는 비유적 표현이지만, 고객의 비전을 실현하기 위해서 챈은 47제곱미터(14.2평) 규모의 아파트 내부를 완전히 뜯어내서 문자 그대로 빈 캔버스로 만들어야 했다.

소유자의 이름을 딴 앨릭스는 근시안적인 관점에서 보면 자기중심적이다. 손님의 편의, 주택 양도, 꾸밈없는 마감재나 거친 모서리에 관한 미래 소유자들의 입장 따위는 전혀 염두에 두지 않았다. 1996년 이후 싱가포르의 모든 주택에 의무적으로 설치해야 하는 커다란 방공호는 수납 공간이나 드레스룸을 두 배로 확장할 수 있는 넓이다. 하지만 앨릭스에서는 후면 조명을 설치한 갤러리로서, 건축주의 레고 건축물 컬렉션을 전시하는 목적으로 사용되고 있다.

이 갤러리처럼 앨릭스는 건축주에게 가장 적절한 기능적 구역, 즉 일하고, 자고, 요리하고, 씻는 구역을 계획하는 것에 집중하고 있는 것처럼 보인다. 챈은 그 결과 '진정한 의미에서 개인 맞춤형' 주택이 탄생했다고 설명한다.

모든 표면은 흰색으로 칠해져 있거나, 라미네이트 합판으로 마감되어 있거나, 마이크로 시멘트로 코팅되어 있다. 유일한 색상 포인트는 거실을 가로지르는 푸른색 파이프 모양 조명기구와 테이트모던 미술관의 전시품처럼 보이는 형광 오렌지색의 '저금통'뿐이다. 게다가 훨씬 거친 콘크리트의 빔 구조물이 주택을 과감하게 가로지르고 있다.

주방은 완벽하게 세팅된 맞춤 수납장 뒤에 세심하게 숨겨져 있다. 심지어 경첩조차 특수제작해서 겉으로 드러나지 않는다. 반면 욕실은 완전하게 노출되어 있다. 이 구역이 욕실로 변신한다는 것을 알 수 있는 힌트는 샤워기 헤드와 약간 경사진 바닥뿐이다. 이 공간은 자신이 누구인지, 무엇을 원하는지를 정확히 아는 사람을 위한 공간이다. 그 자체만으로도 정말 부러운 일이다.

벽에 걸린 수많은 예술품처럼, 앨릭스는 일관성 있게 완벽을 추구한다. 아주 감각적인 건축이고, 잡지 표지에 실리고 상을 받아 마땅한 작품이다. 모든 선과 모든 모서리가 완벽하게 세밀하고, 대작품이 그렇듯이 자기중심적이고 호오가 갈린다. 정말 아름다운 공간이지만, 모든 사람들을 위한 공간은 아니다. 하지만 공유할 수 있고 융통성 있는 공간을 추구하는 오늘날의 건축업계에서 단 한 사람을 위한, 단 한 사람만을 위한 공간을 디자인했다는 사실은 신선한 사건이다.

248쪽
앨릭스의 장식 없고 미니멀한 인테리어는 포인트 색상과 전략적으로 배치된 가구 등 정교하게 설치된 부속품 덕분에 갤러리처럼 느껴진다.

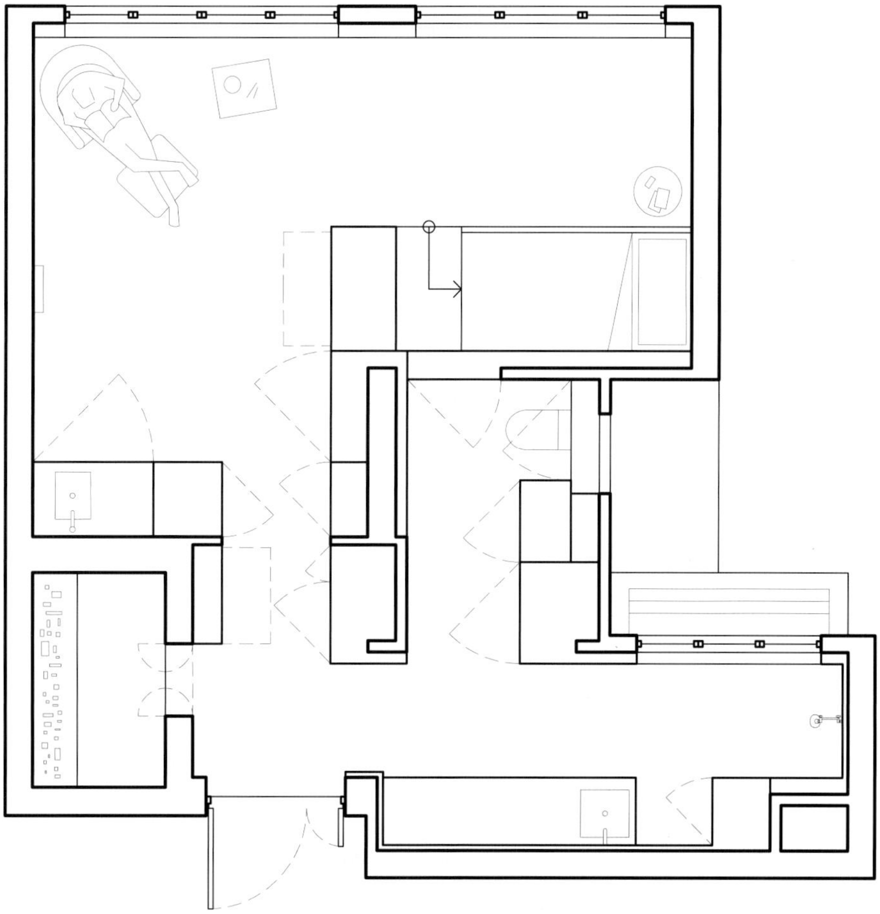

축척 1:100

1 2 3 4 5

왼쪽
영리한 맞춤 가구가 미적 손상 없이 기능을 전환한다.

오른쪽
주방의 네이비 블루 색상 덕분에 오가닉 소재와 삭막한 콘크리트가 서로 균형을 이룬다.

Dualit

위
비노출 경첩 덕분에 수많은 수납 공간이 드러나지 않는다.

오른쪽
욕실은 완전히 노출되어 있지만, 샤워기 헤드와 경사진 바닥이 아니면 알아내기 어렵다.

왼쪽
방공호의 또 다른 용도는 건축주가
수집한 인상적인 레고 건축물들을
전시하는 것이다.

위 왼쪽
곧게 뻗은 직선들이 방공호에서 나오는
은은한 빛과 대조를 이룬다.

위 오른쪽
서랍 속 서랍은 충분한 수납 공간을
제공하는 한편, 사용하지 않을 때는
안 보이는 영리한 수납 방법이다.

The Monocle
Guide to

트리 하우스

Tree House

33m² / 9.9평

NC 디자인 앤드 아키텍처

NC Design & Architecture

홍콩 카오룽

거실에서 숲을 볼 수 있는 집에 사는 것은 결코 흔한 일이 아니다. 인구 750만 명의 대도시에 살고 있다면 더욱 말할 것도 없다. 이런 호사를 누리게 되었다면 축하는 물론 칭송받아 마땅하고, 멋진 외부 경관이 집의 중심이 되어야 한다. 트리 하우스의 소유자이자 거주자 겸 건축가인 넬슨 초Nelson Chow는 홍콩 센트럴 지역의 숲 속에 자신을 둠으로써 외부 경관을 집 안으로 들여왔다.

트리 하우스에는 재미있는 부분이 많지만 첫번째로 그 경치에 경의를 표해야 한다. 커다란 창문을 통해 푸르른 언덕과 저 멀리 마천루가 보이는 경치는 입을 다물 수 없을 정도로 아름답다. 경치가 대단하다보니 공간에 적응되기까지 시간이 좀 걸린다. 의도적으로 그렇게 디자인된 것이다. 초는 집 내부가 너무 환하면 경치가 손상될 수 있음을 잘 알고, 일부러 밝은색 사용을 피했다.

내부로 눈을 돌리면, 트리 하우스의 삼면을 구성하고 있는 수많은 색상과 소재에 감탄하게 된다. 황동으로 된 조리대 뒷벽은 기존 디자인을 그대로 유지한 것이고, 주방 수납장은 올리브그린색을 사용했고, 벽은 포레스트그린색을 칠했는데 빛의 변화에 따라 오션블루처럼 보이기도 한다.

33제곱미터(9.9평)에 불과한 아파트지만 내부 공간은 매우 넓은데, 3미터 높이의 천장을 활용해서 만든 로프트 스타일 침실 덕분이다. 트리 하우스 콘셉트대로, 1.2미터 너비의 침실은 1.8미터 너비의 주방 겸 식사 공간 위에 설치되어 있다. 침실 외부는 파트리시아 우르키올라Patricia Urquiola가 디자인한 테라코타 타일로 장식되어 있다. 테라코타 타일로 이루어진 노란색 격자무늬 패턴이 안쪽에 특별한 것이 있다고 소리 높인다.

침실은 숨겨놓았지만 정말 눈에 띄는 특징적 공간이다. 소나무 목재로 둘러싸인 로프트 침실은 아래의 분위기 있는 벽과는 완전히 다르다. 사다리를 타고 올라가면 어두운 숲 바닥에서 숲의 꼭대기로 탈출하는 느낌을 준다. 침실의 좁고 긴 창문을 통해 숲이 보이는데, 덕분에 아래쪽 공간과 분리된 아늑한 휴식처가 만들어졌다.

중·고밀도 주택단지에 있는 작은 집을 디자인하는 건축가들은 수년 전 다른 건축가가 결정한 구조와 이후 관공서에서 결정한 계획의 제약을 받는 경우가 많다. 이처럼 복잡한 도시에서 이처럼 작은 아파트가 전면 가득한 숲 경관을 갖는 사례는 정말 희귀하다. 그리고 그 희귀함을 이처럼 섬세하게 예찬하고 있는 모습을 보는 것은 멋진 일이다.

258쪽
3미터 높이의 천장 덕분에 다이닝룸 위에 로프트 침실을 만들 수 있었다.

아래
홍콩에서 숲이 보이는 주택은 정말 희귀하다. 주방부터 위쪽 침실까지 이르는 커다란 창문을 설치해서 이를 예찬하고 있다.

262/263쪽
아파트는 숲에 집중하게 만드는 어두운 벽 색상을 사용해서 외부 경치를 중심에 놓는다.

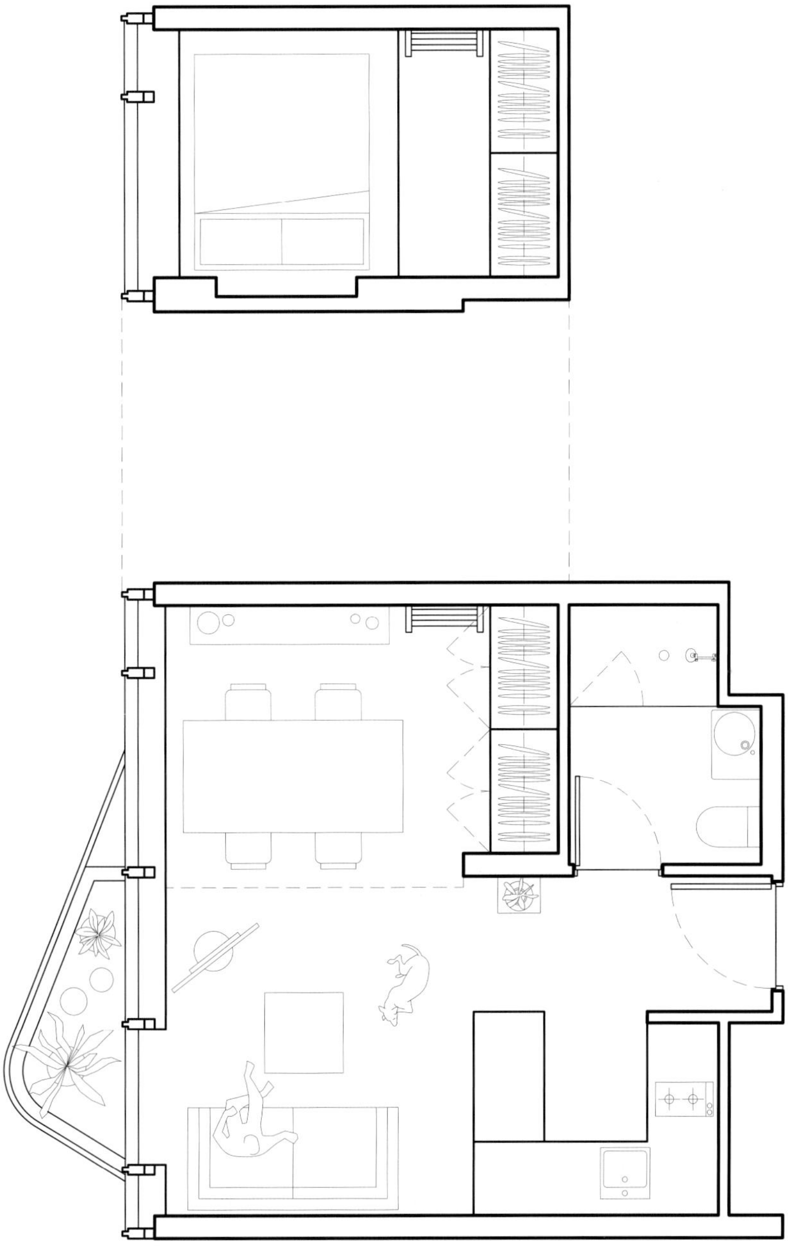

축척 1:100

1 2 3 4 5

위
다이닝룸은 손님을 초대하기에도 충분한 크기다.

오른쪽
로프트 침실은 목재 인테리어와 숲 전망을 갖춘 진정한 '트리 하우스'다.

어번 캐빈

Urban Cabin

25m² / 7.5평
프란체스카 페라니Francesca Perani
이탈리아 베르가모 알비노

이탈리아 북부의 세리아나 계곡에 알비노라는 작은 도시가 있다. 알비노는 섬유 산업으로 유명하고, 또 르네상스 후기에 활동했던 화가 잠바티스타 모로니의 출생지로도 잘 알려져 있다. 건축가 겸 디자이너인 프란체스카 페라니는 이곳 알비노에서 유년기를 보냈는데, 이곳에서 자신의 이름을 내건 건축설계사무소를 차렸다. 2008년 페라니는 건축가 아르멘 마노우키안Armen Manoukian이 1968년 건축한 현대적 빌라의 리노베이션 프로젝트를 진행했고, 보다 최근에는 빌라에 접한 테라스의 리노베이션 작업을 맡았다.

페라니의 고객은 기존에 자전거와 테이블 축구 게임기를 보관하던 창고를 독립된 '캐빈', 즉 오두막으로 개조해서 계절에 따른 테라스의 기능성을 향상시킬 수 있을 것으로 내다보았다. 인테리어 디자이너 일레니아 페를로티Ilenia Perlotti와 협업하여 프로젝트를 진행한 결과, 건축주가 물려받은 페르시아 문화의 표현과 페라니 특유의 색감과 질감에 대한 과감하고 기발한 시도가 성공적으로 구현되었다. 메인 빌라와 마찬가지로 캐빈의 외부 역시 테라코타로 마감되어 있지만 캐빈만의 두드러진 특징이 하나 있다. 바로 남향 전면부 앞에 우아하게 접힌 모양의 타공 철판 스크린을 설치한 것이다. 메탈 스크린의 가장 높은 부분은 물결치며 뾰족한 아치를 그린다. 고대 페르시아 건축물 및 차양막을 참고한 디자인으로, 여기서는 프라이버시를 위해 설치되었다.

캐빈은 25제곱미터(7.5평)짜리 좁고 길쭉한 공간으로, 유연성과 다기능성을 고려한 완전한 맞춤식 인테리어가 필요했다. 평면계획은 완전히 대조적인 두 개의 마감재로 구역이 나뉜다. 거실 공간의 대부분은 OSB합판으로 마감되어 있다. OSB는 파티클보드와 유사하지만 좀 더 질감을 살린 합판으로, 가늘고 길게 잘라낸 나무 조각을 압축해서 만들어진다. 주방에서는 이 OSB합판 마감재가 흰색과 검은색이 섞인 조리대와 만나 거의 충돌을 일으킨다. 이 조리대는 이탈리아의 세라믹 디자인 업체인 41제로zero42가 제작한 3D 프린팅 타일로 만들어졌다. 하지만 이 조리대는 업사이클해서 주방가구에 부착한 1960년대 플라스틱 손잡이와 예술적으로 조화를 이룬다.

바깥의 타공 스크린이 오후의 강한 햇볕을 어느 정도 막아주는 가운데, 커다란 남향 창문 덕분에 캐빈 내부가 환하게 빛난다. 창틀은 깊어서 의자로도 사용된다. 맞은편에는 길다란 빌트인 벤치가 설치되어 있는데 의자, 깊은 수납장, 손님용 매트리스 보관함 등 다양한 용도로 사용된다.

욕실은 페라니가 '페르시안 인디고를 연상'시킨다고 묘사한 푸른색 유광 레진으로 마감되어 있어서 대단히 드라마틱한 느낌을 준다. 매끄러운 벽면과 천장부터, 기존부터 있던 석벽의 독특한 요철과 틈새까지 욕실 전체에 동일한 마감재가 적용되었다. 흰색 설비와 집기 들이 단색의 공간에 포인트를 준다.

페라니는 저렴하지만 독특한 소재와 포인트 컬러를 활용하는 실험을 통해 '덜 과장하는 건축'을 추구하고자 했다. 페라니는 고정된 것 속에서 에너지와 리듬을 표현하는 방법을 아는 디자이너다. 한마디로 공간을 채우는 법을 아는 것이다. 독특한 질감과 비스듬한 선들은 '캐빈' 안의 구역들을 완전히 다른 개성의 공간들로 만들었다. 그러나 이 캐빈이 본질을 무시하고 스타일만 강조하는 경우는 결코 아니다. 페라니의 디자인이 성공할 수 있는 것은 소재의 경제성, 유연성과 프라이버시, 공간에 대한 감각, 그리고 무엇보다도 그곳을 이용하는 사람들의 필요를 충분히 이해하고 있기 때문이다.

266쪽
2.5미터 너비의 좁은 공간이었기 때문에 유연성 및 다양한 기능을 수행하는 요소의 배치가 성공의 열쇠였다. 방 한쪽 끝에 설치된, 천장까지 닿는 수납장 안에는 책상도 숨겨져 있다.

아래
페라니는 건축주의 페르시아-이탈리아계 뿌리를 존중하는 의미로 욕실은 '페르시안 인디고를 연상'시키는 푸른색 유광 레진을 선택했다.

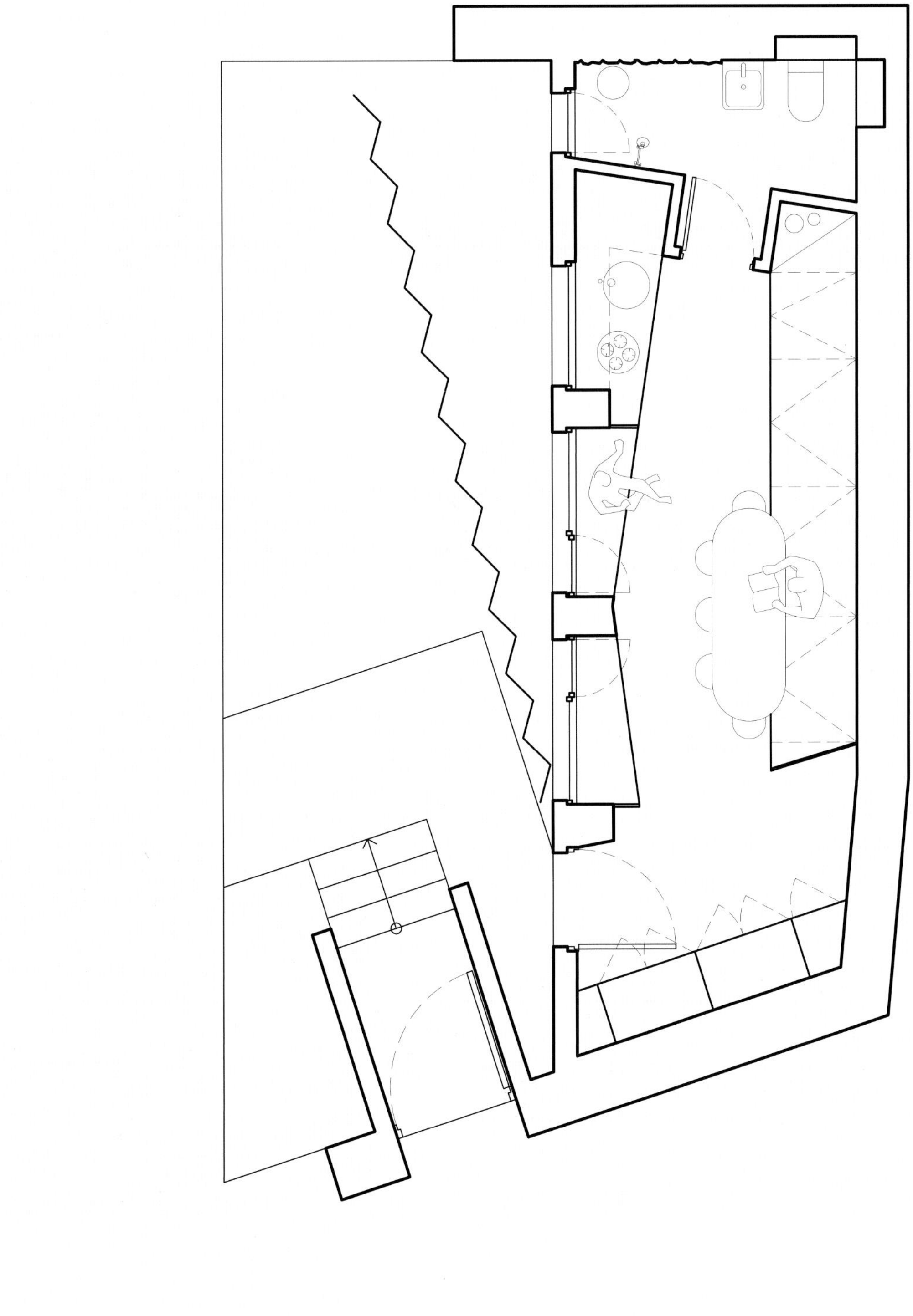

축척 1:100
1
2
3
4
5

위
타공 철판 스크린은 프라이버시를 어느 정도 보호하는 한편, 이탈리아 여름의 뜨거운 햇볕을 중화시키는 역할도 한다.

271쪽 왼쪽
창가 의자로도 사용되는 창틀의 각도는 대화를 용이하게 하고 공간을 보다 역동적으로 느껴지게 만든다.

271쪽 오른쪽
흰색과 검은색의 조리대 상판이 실내의 거의 모든 곳에 사용된 OSB합판 마감재와 대조를 이룬다. 이 상판은 이탈리아의 세라믹 회사인 41제로42가 제작한 3D 프린팅 타일로 만들어졌다.

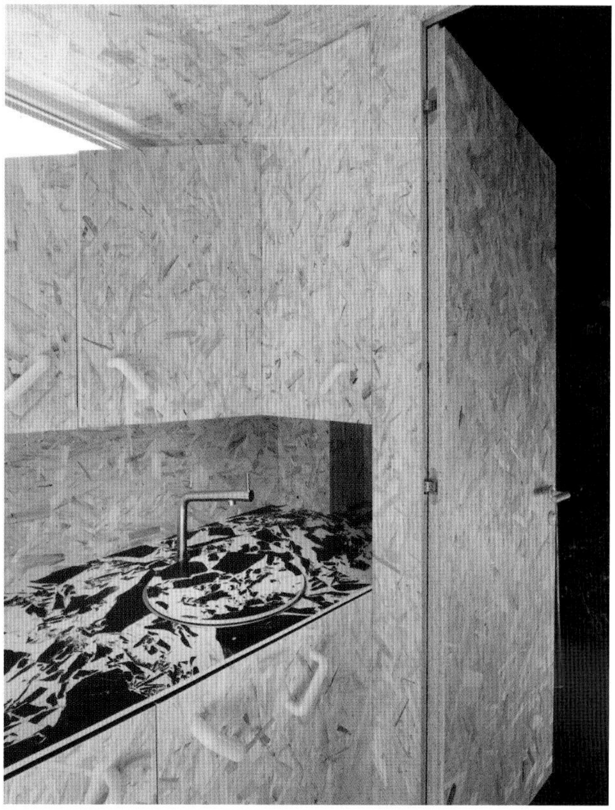

왼쪽
페라니의 고객에게 많은 수납 공간은 대단히 중요했다. 깊고 넓은 수납함이 거실 겸 주방의 의자이자 침상 아래에 설치되어 있다.

오른쪽
타공 철판 스크린의 전체적 모양은 페르시아계인 건축주에 대한 경의의 표시로 디자인되었다.

펫츠 플레이그라운드

Pets' Playground

42m² / 12.7평

심-플렉스 디자인 스튜디오
Sim-Plex Design Studio

홍콩 위엔룽

벽에 둘러싸인 도시라 불리는 카오룽보다 고밀도 도심 주거지의 작은 집들을 더 잘 보여주는 대표적인 예는 드물다. 빽빽하게 들어찬 홍콩의 이 주택단지는 공간의 제약에도 불구하고 거주민들이 기본적 수요를 충족하기 위해 적응하고 진화한 방법을 상세하게 기록한 사례 중 하나이다.

홍콩 심-플렉스 디자인 스튜디오의 건축가 패트릭 람Patrick Lam은 이러한 환경에서 자란 것이 자신의 디자인 철학에 영향을 주었음을 인정했다. "작은 공간에서 장기간 거주한 경험 덕분에 제한된 공간의 확장 가능성을 탐구하게 되었습니다."

이름에서 짐작할 수 있겠지만, 위엔룽 구에 있는 42제곱미터(12.7평) 규모의 이 아파트에는 매우 특별한, 소중히 대접받는 거주자들이 살고 있다. 아파트의 소유자들은 람에게 자신들과 자신들의 앵무새, 그리고 나이 든 어머니와 어머니의 고양이를 위한 집을 만들어달라고 요청했다.

작은 아파트에서 반려동물을 키우는 일은 쉽지 않다. 배변, 식사, 운동, '빈둥거리기'가 필요하며, 자유롭게 움직이는 동물은 그렇지 않아도 좁은 공간을 더욱 좁게 만들 수 있다. 하지만 인간의 필요는 물론, 반려동물의 필요도 충족하는 집을 디자인하는 것은 협상의 여지가 없는 문제였다. 수많은 계획과 구상만이 해답이었다.

아침 햇살은 대부분의 사람들을 기분 좋게 하지만, 시끄러운 새를 깨우기도 한다. 고양이들은 하루 대부분의 시간을 누워서 보내지만, 재미있고 활동적인 공간도 필요로 한다. 또, 다양한 기능을 수행하는 모든 공간은 안전해야 하고, 노인이 쉽게 사용할 수 있어야 한다.

이 집에서 가장 특징적인 부분은 불투명 유리로 만든 3면의 미닫이문이다. 바닥에서 천장까지 닿는 이 문은 침실과 식당을 부드럽게 분리한다. 반드시 필요한 프라이버시를 보장하면서도 햇빛이 아파트 전체로 비치게 해준다.

거실은 바닥을 높여서 숨어 있는 수납 공간을 만들었는데, 수납 공간을 별도로 설치했다면 소중한 바닥 면적을 차지했을 것이다. 밝은 메이플색의 친환경 멜라민 합판이 맞춤 수납장과 서랍장부터 네 개의 스툴까지 사용되었다. 스툴은 모든 (인간) 거주자가 옮기기에 충분히 가벼운 무게로 만들어졌다. 바닥 면적 사용을 최소화하기 위한 또 다른 재치 있는 요소는 식탁으로, 식탁은 주방 수납장에서 부드럽게 꺼낼 수 있다.

람은 이렇게 설명했다. "우리는 공간 레이아웃을 통해 개인생활과 공동생활 사이의 균형점을 찾고, 그 결과 젊은이와 노인의 공동생활에 관한 사회적 문제에 새로운 영감을 주고 싶었습니다."

카오룽에서 위엔룽까지는 단지 몇 분 거리지만, 벽에 둘러싸인 도시의 혼돈과 펫츠 플레이그라운드의 선견지명 및 실행력 사이에는 엄청난 차이가 있다. 하지만 카오룽에서 지낸 람의 어린 시절부터 이곳 펫츠 플레이그라운드까지 일관성 있게 이어지는 것도 있다. 작은 공간이 제대로 작동하기 위해서는 거주자 모두를 존중해야 한다는 것이다. 그들이 말을 하든, 지저귀든, 울든 상관없이 말이다.

274쪽
마천루로 가득한 고밀도 지역에서
반려동물은 대부분의 시간을 집 안에서
보내기에, 이 프로젝트의 목적은
모두에게 편안한 집을 만드는 것이었다.

오른쪽
식탁은 필요할 때는 꺼내고 사용하지
않을 때는 집어넣어서 활기 넘치는
반려동물들을 위한 충분한 공간을
확보했다.

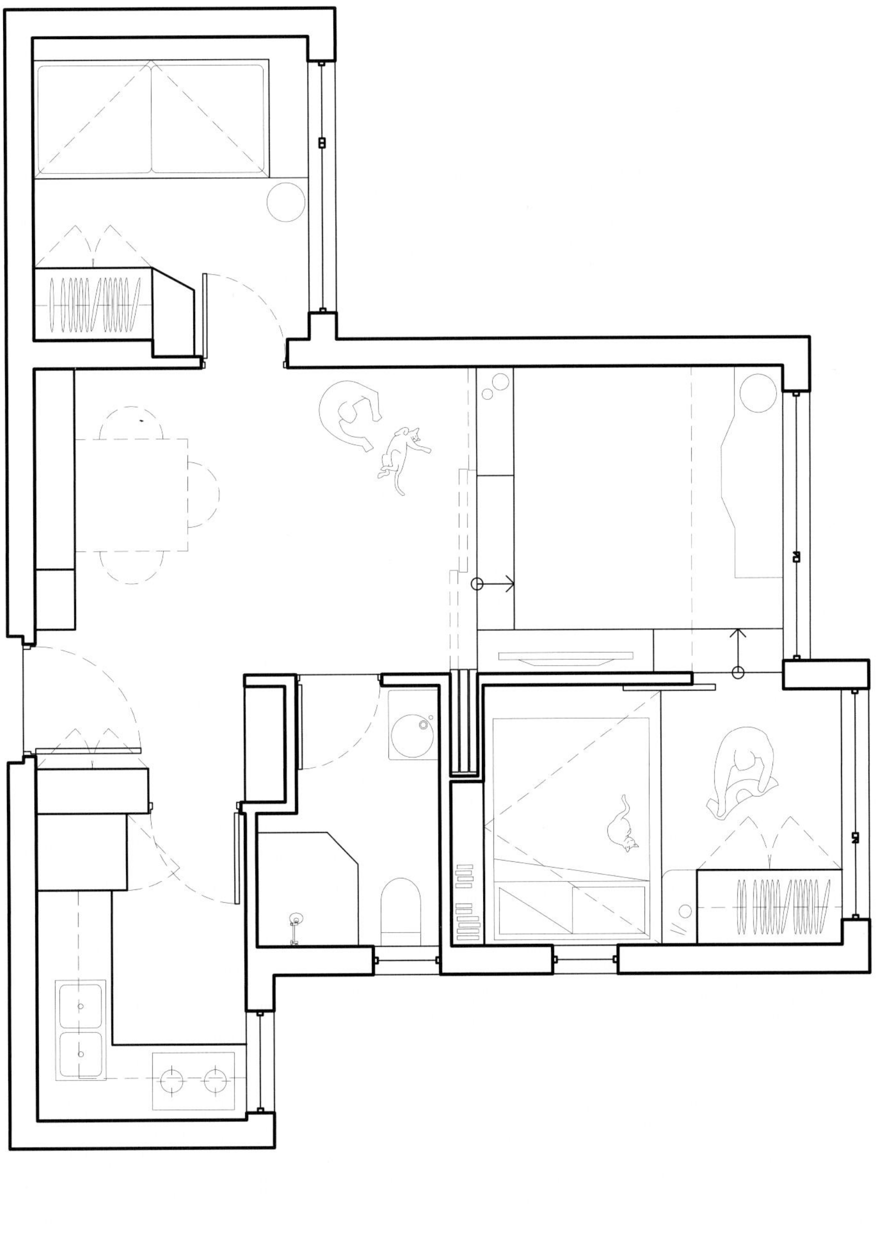

축척 1:100

왼쪽 위
바닥을 높여서 공간을 확실히 구분하고, 바닥에 수납 공간을 만들었다.

왼쪽 아래
미닫이문을 닫음으로써 사람과 동물 모두를 위한 프라이버시를 확보할 수 있다.

오른쪽
3면의 미닫이문을 천장 레일에 설치해서 완전히 또는 부분적으로 닫을 수 있다.

280/281쪽
아파트의 털복숭이 거주자가 뛰어놀고 안전하게 탐구할 수 있는 공간이 충분히 있다.

위
다양한 거주자들과 그들의 반려동물의 필요를 고려한 디자인은 어렵지만, 프라이버시와 놀이를 위해 꼭 필요한 것을 이해하고 균형점을 찾았을 때 커다란 보람을 준다.

오른쪽
불투명 유리문이 완전히 닫혀 있을 때에도 창문에서 들어오는 빛은 투과된다.

참여자들

건축적 (무)질서 68쪽
Architectural (dis)Order

$44m^2$ / $474ft^2$
Vilamoura, Loulé

건축
Corpo Atelier
Filipe Paixão, Rui Martins
& Susana Café
corpoatelier.com

사진
Alexander Bogorodskiy
photoshoot.pt

달링허스트 222쪽
Darlinghurst

$22m^2$ / $291ft^2$
Darlinghurst, Sydney

건축
Brad Swartz Architects
Brad Swartz
bradswartz.com.au

사진
Katherine Lu
katherinelu.com

더 워런 46쪽
The Warren

$49m^2$ / $527ft^2$
Marrickville, Sydney

건축
Nicholas Gurney
Nicholas Gurney
nicholasgurney.com.au

사진
Michael Wee
michaelwee.com.au

라 프티트 메종 도트 230쪽
La Petite Maison d'Hôtes

$23m^2$ / $248ft^2$
Goutte d'Or, Paris

건축
Space Factory
Ophelie Doria & Edouard Roullé-Mafféïs
spacefactory.fr

펜던트 제작
Sarah Boyeldieu
sarahboyeldieu.com

사진
Herve Goluza
@herve_goluza

로프트 바윅슬로테르함 170쪽
Loft Buiksloterham

$45m^2$ / $484ft^2$
Buiksloterham, Amsterdam

건축
heren 5 architects
Sjuul Cluitmans & Jeroen Atteveld
heren5.eu

가구 디자인
Paul Timmer
paultimmer.nl

사진
Leonard Fäustle
leonardfaustle.nl
Tim Stet
timstet.nl

로프트 하우스 94쪽
Loft Houses

$35m^2$ / $377ft^2$
Pyrmont, Sydney

건축
Brad Swartz Architects
Brad Swartz & Emily Elliott bradswartz.com.au

사진
Katherine Lu
katherinelu.com

리비에라 캐빈 152쪽
Riviera Cabin

$35m^2$ / $377ft^2$
Deiva Marina, La Spezia

건축
llabb
Luca Scardulla & Federico Robbiano
llabb.eu

시공
Zena Costruzioni
zenacostruzioni.eu

사진
Anna Positano
theredbird.org

리카비토스 언덕 스튜디오 아파트 86쪽
Lycabettus Hill Studio Apartment

$40m^2$ / $431ft^2$
Lycabettus Hill, Athens

건축
SOUTH architecture
Eleni Livani & Chrysostomos
Theodoropoulos
south-arch.com

가구 디자인
El Greco Gallery
elgrecogallery.gr

목제품 제작
Fredi Rocci

사진
Alina Lefa
alinalefa.com

마이크로럭스 240쪽
Microluxe

$22m^2$ / $237ft^2$
Fitzroy, Melbourne

건축
Studio Edwards
Ben Edwards
studio-edwards.com

사진
Fraser Marsden
frasermarsden.com

밀라노 프라이빗 아파트 102쪽
Private Apartment Milan

$30m^2$ / $323ft^2$
Città Studi, Milan

건축
untitled architecture
Bogdan Peric (Partner),
Andrey Mikhalev (Partner),
Stefano Floris & Evgenia Sokolova
untitled.archi

시공
Restauri Ancona

사진
Giovanni Emilio Galanello
g-e-galanello.it

바비컨 스튜디오 204쪽
Barbican Studio

$41m^2$ / $441ft^2$
City of London, London

건축
SAM Architects
Melanie Schubert & Sandi Johnen
samarchitects.co.uk

사진
French + Tye
frenchandtye.com

보네카 58쪽
Boneca

$24m^2$ / $258ft^2$
Rushcutters Bay, Sydney

건축
Brad Swartz Architects
Brad Swartz
bradswartz.com.au

사진
Tom Ferguson
tomferguson.com.au

브레라 196쪽
Brera

$32m^2$ / $344ft^2$
Brera, Milan

건축
ATOMAA
Mert Bozkurt & Danilo Monzani
atomaa.eu

목공
Giuseppe Marra

사진
Luca Broglia
lucabroglia.com

스몰 타운하우스 212쪽
Small Town House

$40m^2$ / $431ft^2$
Bethnal Green, London

건축
Studio Mama
Nina Tolstrup
studiomama.com

크리에이티브 디렉팅
Jack Mama

사진
Ben Anders
benanders.co.uk

앨릭스 248쪽
Alex

$47m^2$ / $506ft^2$
Bukit Batok, Singapore

건축
SPACEDGE DESIGNS
William Chan
spacedge.com

스타일링
Yong Woei Na

사진
VC
@v.ee_chin

어번 캐빈 266쪽
Urban Cabin

$25m^2$ / $269ft^2$
Albino, Bergamo

건축
Francesca Perani
Francesca Perani
francescaperani.com

인테리어 디자인
Ilenia Perlotti

사진
Francesca Perani
francescaperani.com

엘 카마린 76쪽
El Camarín

$25m^2$ / $269ft^2$
Chacarita, Buenos Aires

건축
iR arquitectura
Luciano Intile & Enrico Cavaglià
irarquitectura.com

컬래버레이션
Craftsman builder: Fermín Indavere, Rodrigo Perez de Pedro & Nicolas Mazzoni
Project team: Esteban Basili, Guillermo Mirochnic, Cecile Elbel, Sabine Uldry & Tommaso Polli

사진
Fernando Schapochnik
fernandoschapo.com

요지겐 포켓토 142쪽
Yojigen Poketto

$33m^2$ / $356ft^2$
Lavapiés, Madrid

건축
elii [oficina de arquitectura]
Partners: Uriel Fogué, Eva Gil and Carlos Palacios
Team: Ana López, Eduardo Castillo, Lucía Fernández
elii.es

사진
ImagenSubliminal
Miguel de Guzmán & Rocío Romero
imagensubliminal.com

이티너런트 160쪽
Itinerant

$29m^2$ / $312ft^2$
Richmond, Melbourne

건축
T-A Square
Timothy Yee
tasquare.com

사진
Jack Lovel
jacklovel.com

조지 36쪽
George

$28m^2$ / $301ft^2$
Fitzroy, Melbourne

건축
WHDA
Douglas Wan
whda.com.au

사진
Sherman Tan
shermantanstudio.com.au

Anthony Richardson
anthonyrichardson.me

첼시 아파트 112쪽
Chelsea Apartment

$45m^2$ / $484ft^2$
Chelsea, New York City

건축
BoND
Noam Dvir & Daniel Rauchwerger
bureaund.com

사진
Eric Petschek
ericpetschek.com

카이로 스튜디오 180쪽
Cairo Studio

$23m^2$ / $248ft^2$
Fitzroy, Melbourne

건축
Agius Scorpo Architects
Nic Agius & Claire Scorpo
agiusscorpo.com

수납장 제작 및 설치
Peter Jarvis & Sam Reilly

사진
Tom Ross
tomross.xyz

카이로 플랫 12쪽
Cairo Flat

$24m^2$ / $258ft^2$
Fitzroy, Melbourne

건축
Architecture architecture
Michael Roper
architecturearchitecture.com.au

사진
Tom Ross
tomross.xyz

커루트 188쪽
Karoot

$40m^2$ / $431ft^2$
Toorak, Melbourne

건축
Branch Studio Architects
Nicholas Russo
branchstudioarchitects.com

인테리어 디자인
The Set
Lauren Russo
thisistheset.com

사진
Peter Clarke Photography
peterclarke.com.au

콘크리트 정글 속 라탄 122쪽
Rattan in Concrete Jungle

$40m^2$ / $431ft^2$
Tseung Kwan O, Hong Kong

건축
absence from island
Chi Chun & Etain Ho
absencefromisland.com

사진
chi + ireen sit
@ireensssit

타라 20쪽
Tara

$32m^2$ / $344ft^2$
Elizabeth Bay, Sydney

건축
Nicholas Gurney
Nicholas Gurney
nicholasgurney.com.au

사진
Terence Chin
terencechin.com

타이프가 아파트 28쪽
Type Street Apartment

$35m^2$ / $377ft^2$
Richmond, Melbourne

건축
tsai Design
Jack Chen
tsaidesign.com.au

수납장 제작 및 설치
Lee Cabinets

사진
Tess Kelly
tesskelly.net

트리 하우스 258쪽
Tree House

$33m^2$ / $355ft^2$
Kowloon, Hong Kong

건축
NC Design & Architecture
Nelson Chow
ncda.biz

사진
Dennis Lo
dennislo.com

펫츠 플레이그라운드 274쪽
Pets' Playground

$42m^2$ / $452ft^2$
Yuen Long, Hong Kong

건축
Sim-Plex Design Studio
Patrick Lam
sim-plex-design.com

사진
Patrick Lam
sim-plex-design.com

피아노 아파트 132쪽
Piano Apartment

$17.6m^2$ / $189ft^2$
Taipei, Taiwan

건축
A Little Design
Szu-Min Wang
architizer.com/firms/a-little-design

사진
Hey!Cheese
heybigcheese.com

평면도

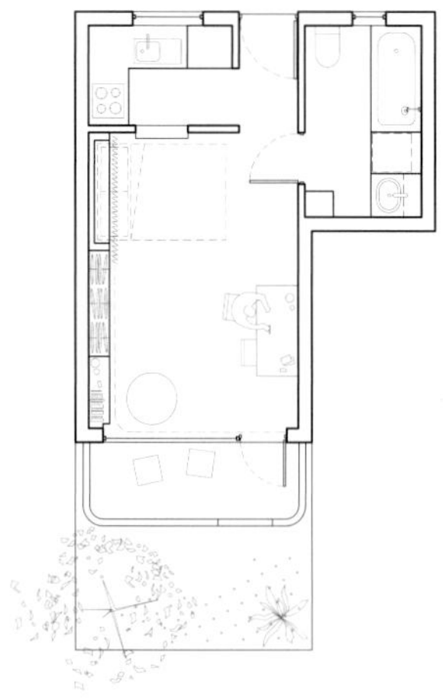

12쪽 카이로 플랫
호주 멜버른 피츠로이
$24m^2$ / 7.3평

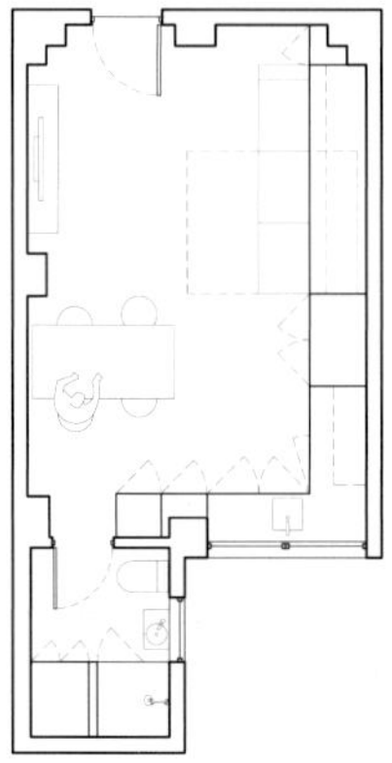

20쪽 타라
호주 시드니 엘리자베스베이
$32m^2$ / 9.7평

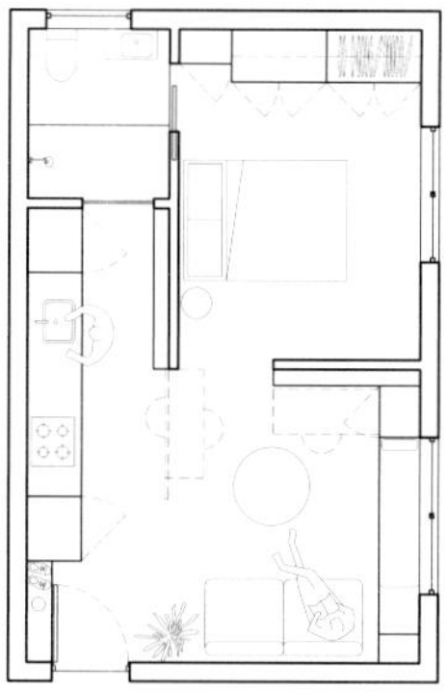

28쪽 타이프가 아파트
호주 멜버른 리치먼드
35m^2 / 10.6평

36쪽 조지
호주 멜버른 피츠로이
28m^2 / 8.5평

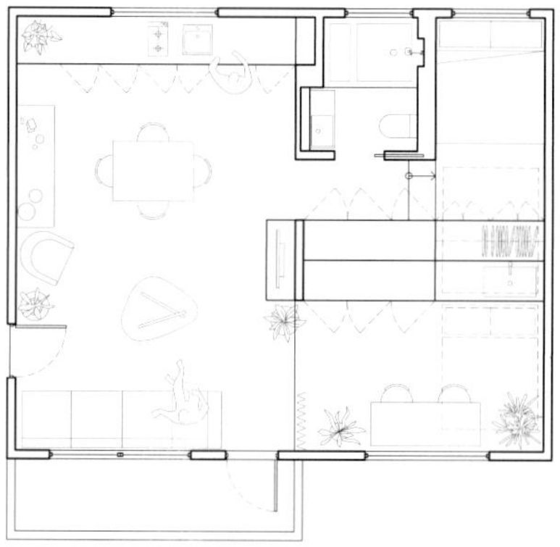

46쪽 더 워런
호주 시드니 매릭빌
49m^2 / 14.8평

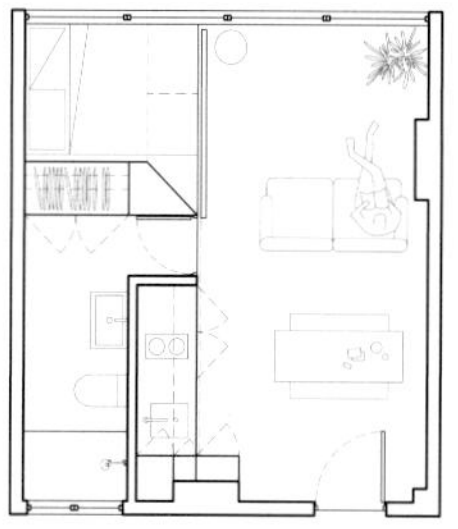

58쪽 보네카
호주 시드니 러시커터스베이
24m^2 / 7.3평

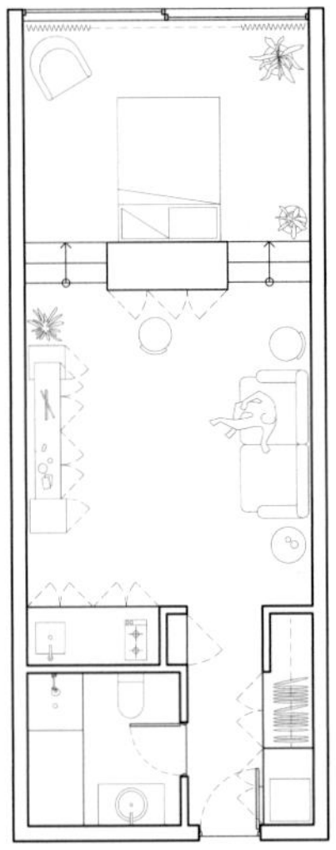

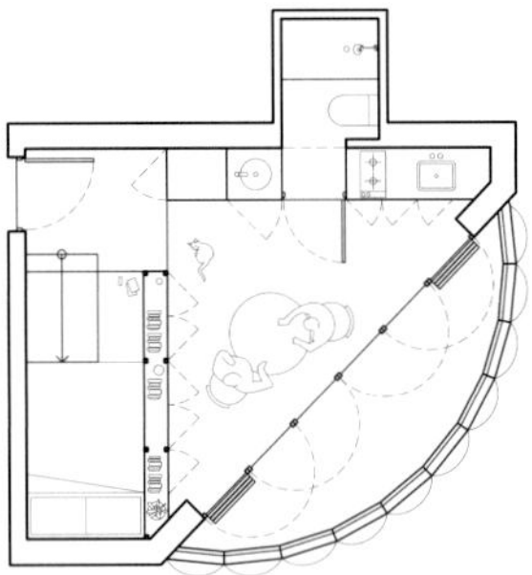

68쪽 건축적 (무)질서 44m² / 13.3평
포르투갈 로울레 빌라모우라

76쪽 엘 카마린 25m² / 7.5평
아르헨티나 부에노스아이레스 차카리타

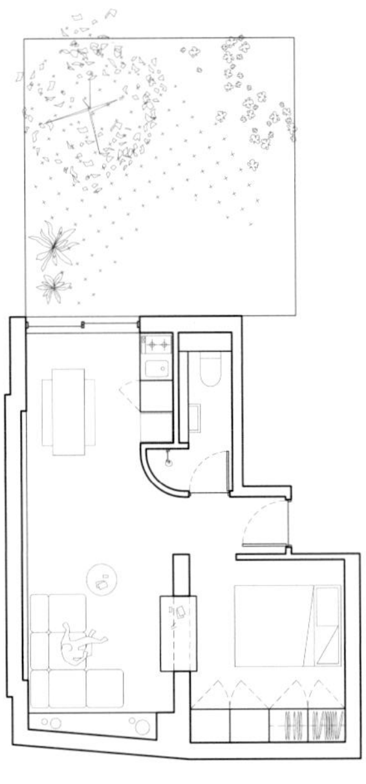

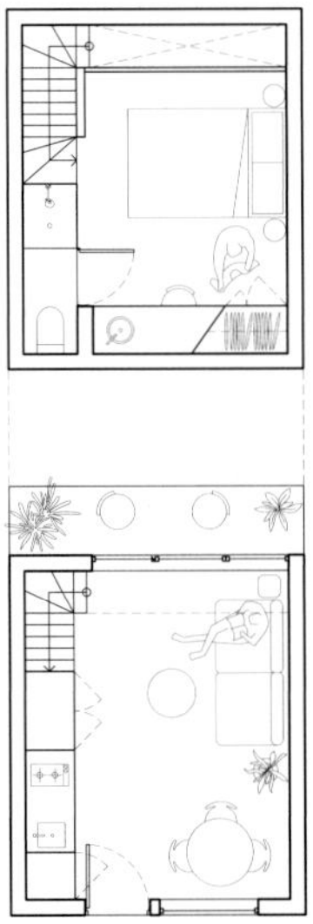

86쪽 리카비토스 언덕 스튜디오 아파트 40m² / 12.1평
그리스 아테네 리카비토스 언덕

94쪽 로프트 하우스 35m² / 10.6평
호주 시드니 파이어몬트

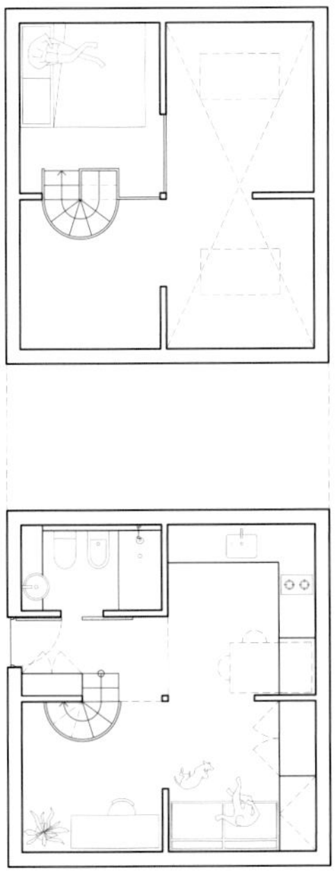

102쪽 밀라노 프라이빗 아파트 30m² / 9평
이탈리아 밀라노 치타스투디

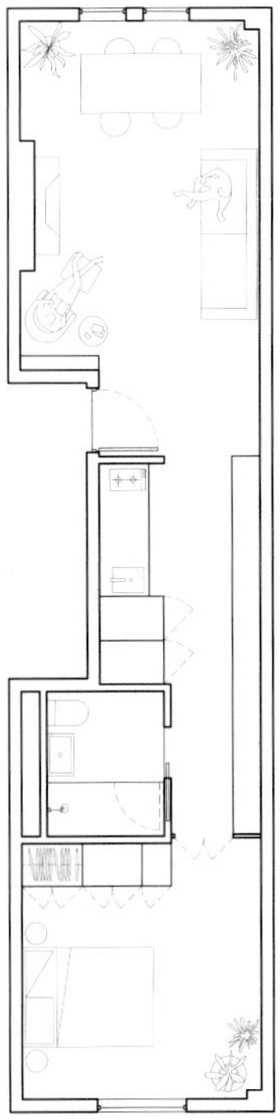

112쪽 첼시 아파트 45m² / 13.6평
미국 뉴욕시티 첼시

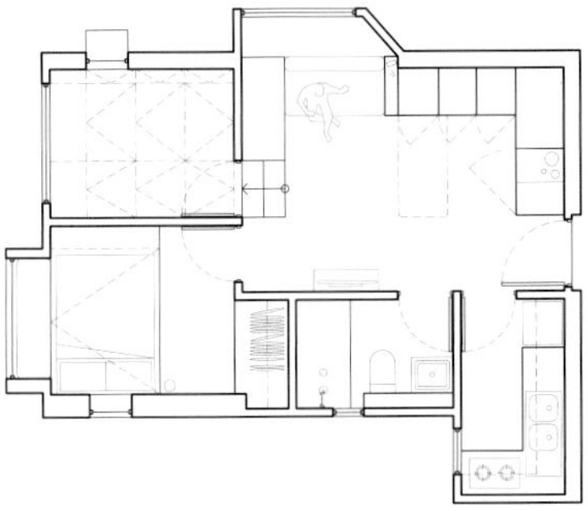

122쪽 콘크리트 정글 속 라탄 40m² / 12.1평
홍콩 정관오

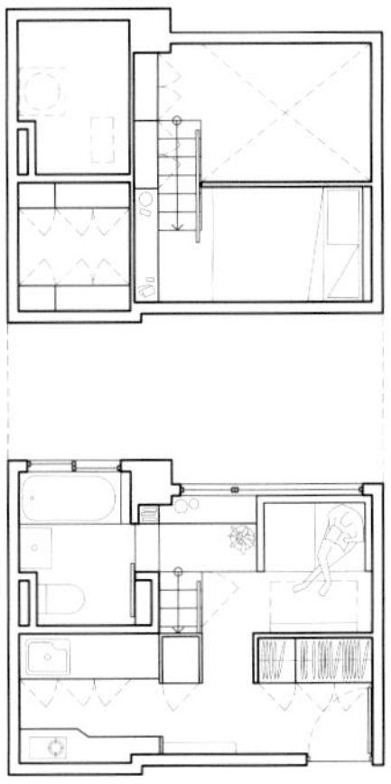

132쪽 피아노 아파트 17.6m² / 5.3평
타이완 타이베이

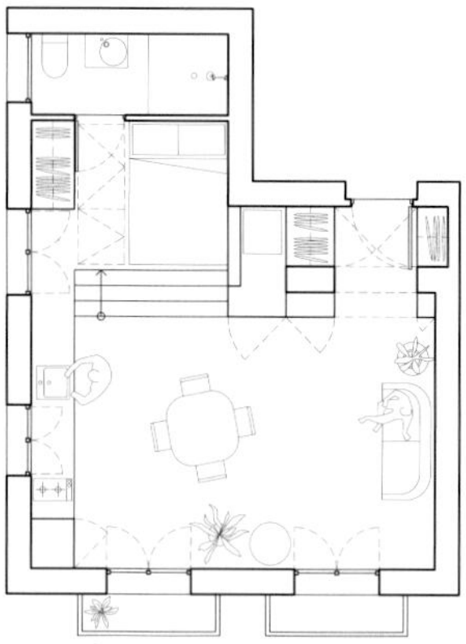

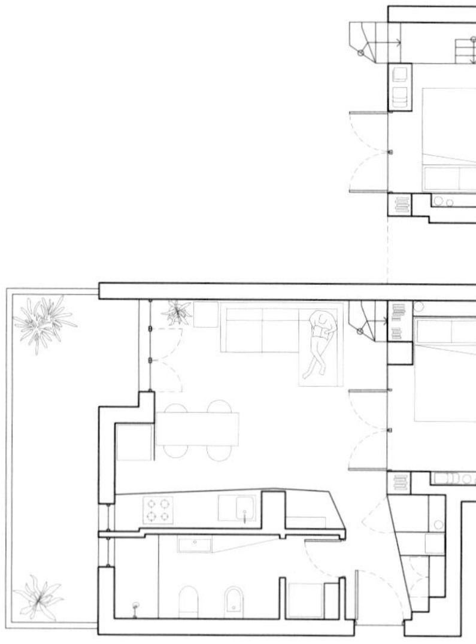

142평 요지겐 포켓토
스페인 마드리드 라바피에스
33.6m² / 10.1평

152쪽 리비에라 캐빈
이탈리아 라스페치아 데이바마리나
35m² / 10.6평

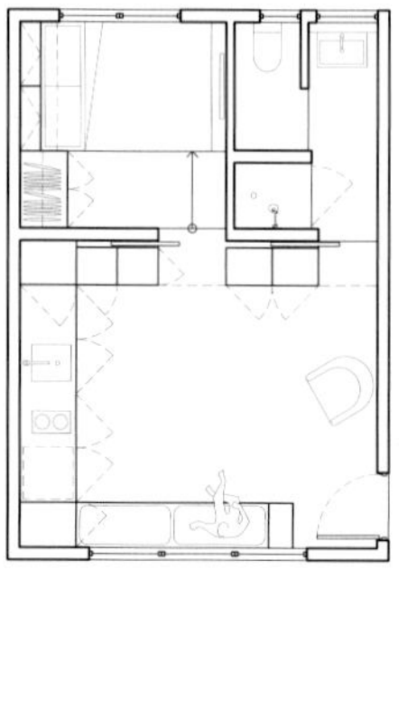

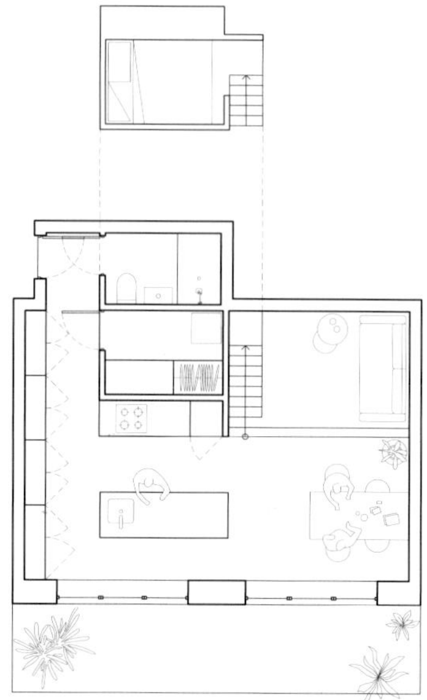

160쪽 아이티너런트
호주 멜버른 리치먼드
29m² / 8.7평

170쪽 로프트 바윅슬로테르함
네덜란드 암스테르담 바윅슬로테르함
45m² / 13.6평

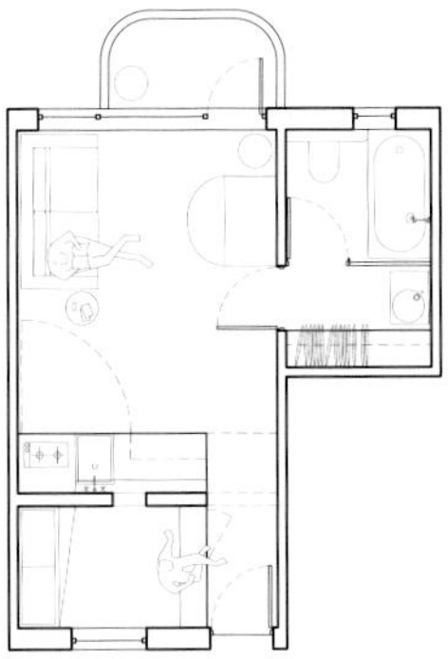

180쪽 카이로 스튜디오 23m² / 6.9평
호주 멜버른 피츠로이

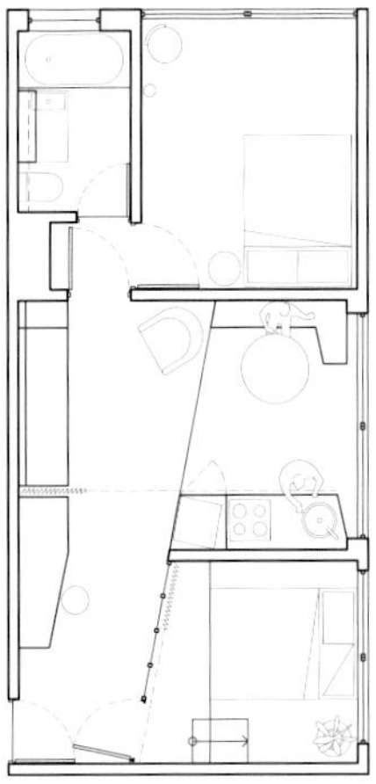

188쪽 커루트 40m² / 12.1평
호주 멜버른 투락

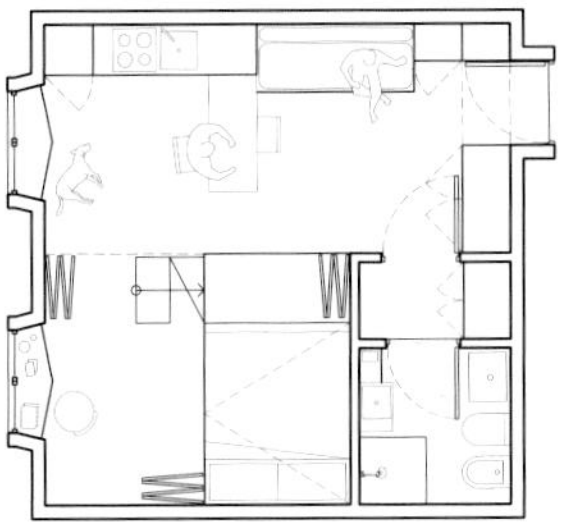

196쪽 브레라 32m² / 9.7평
이탈리아 밀라노 브레라

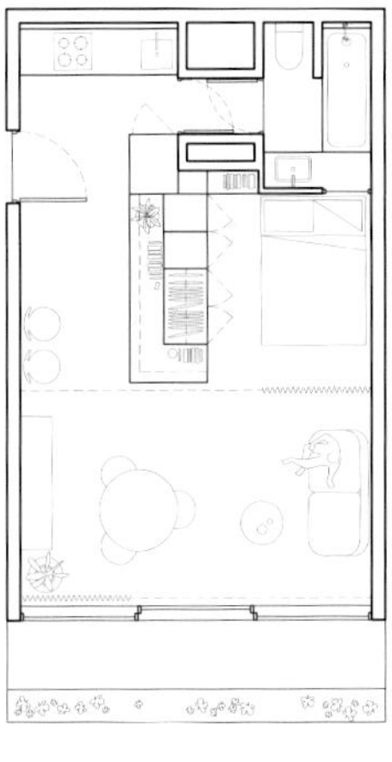

204쪽 바비컨 스튜디오 41m² / 12.4평
영국 런던 시티오브런던

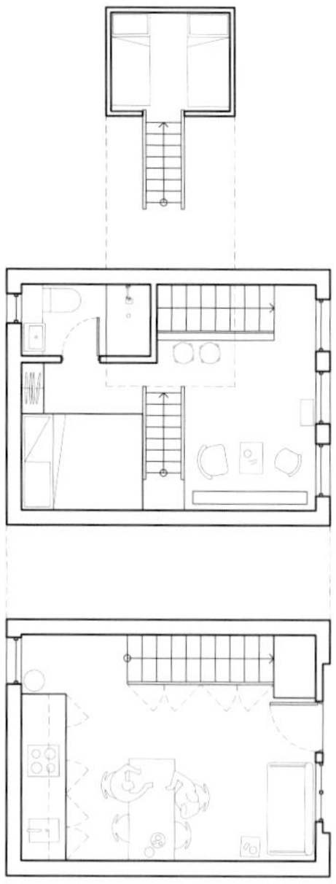

212쪽 스몰 타운하우스 40m² / 12.1평
영국 런던 베스널그린

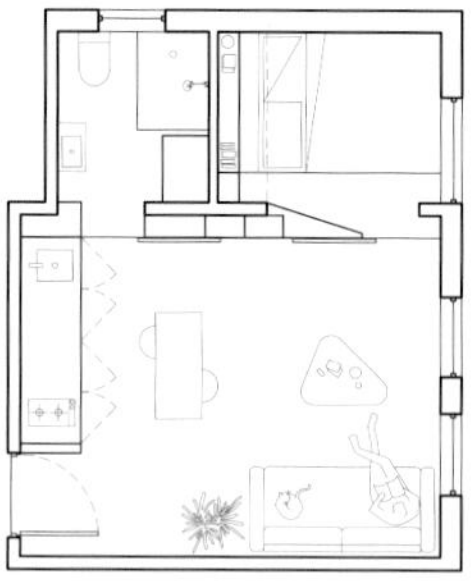

222쪽 달링허스트 27m² / 8.1평
호주 시드니 달링허스트

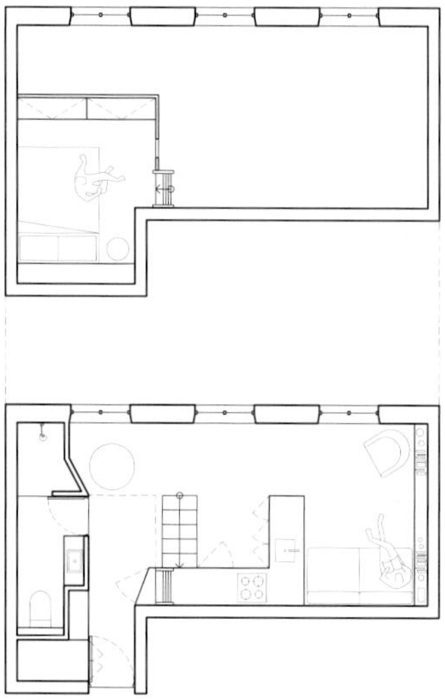

230평 라 프티트 메종 도트 23m² / 6.9평
프랑스 파리 구트도르

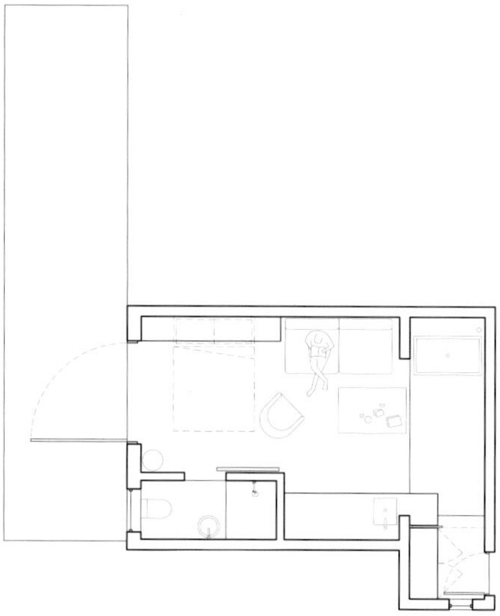

240쪽 마이크로럭스 22m² / 6.6평
호주 멜버른 피츠로이

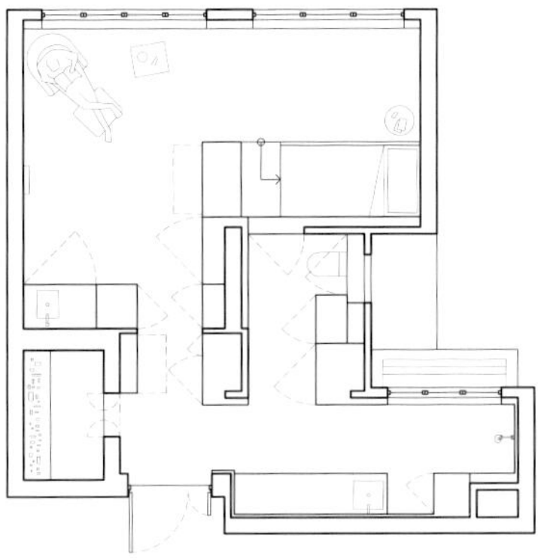

248쪽 앨릭스 47m² / 14.2평
싱가포르 부킷바톡

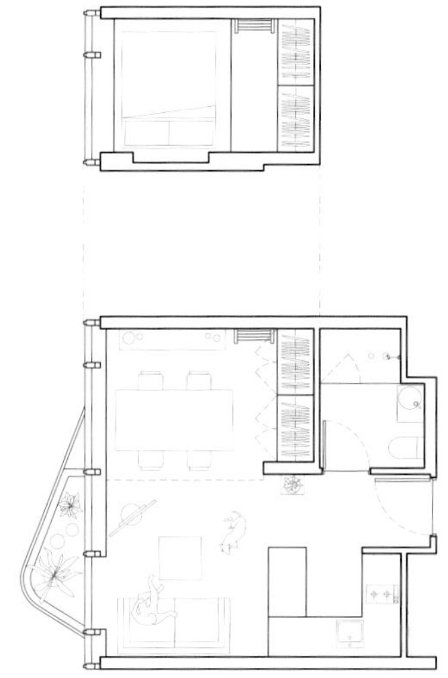

258쪽 트리 하우스 33m² / 9.9평
홍콩 카오룽

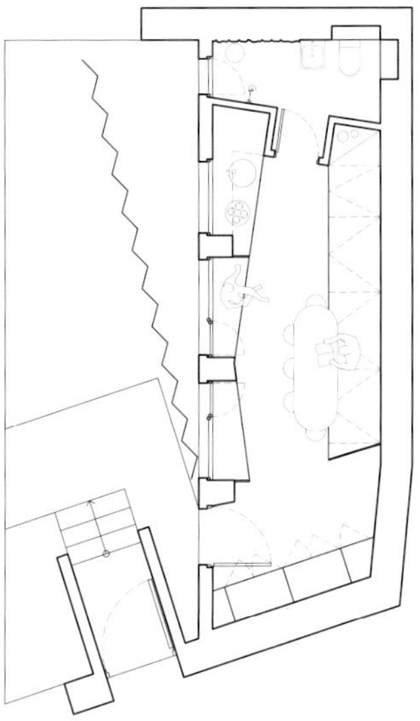

266쪽 어번 캐빈 25m² / 7.5평
이탈리아 베르가모 알비노

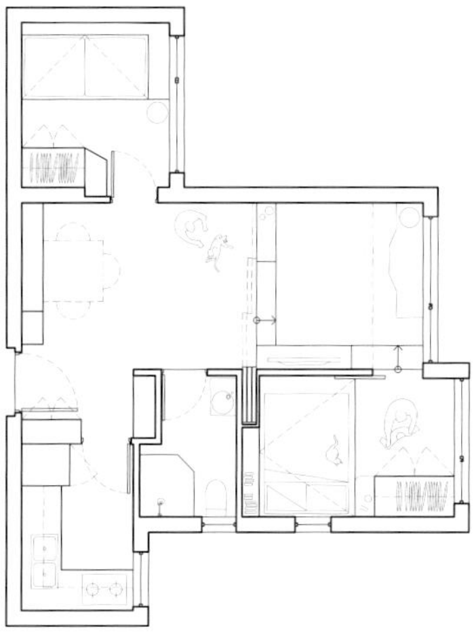

274쪽 펫츠 플레이그라운드 42m² / 12.7평
홍콩 위엔룽

네버 투 스몰Never Too Small에 관하여

'네버 투 스몰'은 작은 집에서의 삶을 향상시키고자 하는 열망에서 탄생했다. 2017년 콜린 치는 멜버른 도심의 38제곱미터(11.4평) 아파트에 살고 있었는데, 자신의 아파트와 같은 소형 아파트를 재치 있고 아름답게 변화시킨 디자인 사례들이 무척 궁금했다. 그는 숙련된 영화 제작자로서의 기술을 활용해서 소형 주거지 디자인 부문에서 호주 최고로 꼽히는 인테리어 건축가들을 인터뷰하기 시작했다. 이 인터뷰 영상들은 마침내 유튜브 '네버 투 스몰' 채널이 되었다.

첫번째 에피소드를 소개하고 3년이 채 지나기 전에, 140만 명 이상의 구독자가 생겼다. '네버 투 스몰'의 콘텐츠가 점점 발전함에 따라 구독자도 점점 증가했다. 이 책도 그 콘텐츠 중 하나이다. 이제 '네버 투 스몰'은 작은 집 최고의 디자인 사례를 소개하는, 전세계적으로 인정받는 채널이 되었다.

콜린과 그의 팀은 호주 멜버른에 기반을 두고 있지만, 세계 곳곳에서 뛰어난 공동제작자들이 함께한다. 이들은 점점 커지는 도시에 대한 지속 가능하고 포용적인 미래 비전을 실현하는 데 작은 집 디자인이 근본적 역할을 할 것이라는 믿음을 공유하고 있다.

— 기획 콜린 치Colin Chee
글 조엘 비스Joel Beath, 엘리자베스 프라이스Elizabeth Price

감사의 말

이런 책은 그 안에 담긴 프로젝트들이 책의 품질을 결정합니다. 따라서 무엇보다도 먼저, 훌륭한 프로젝트를 공유하도록 허락해주신 건축가와 디자이너 여러분께 감사를 표하고 싶습니다. 우리는 여러분께 경외감을 갖고 있습니다. 여러분의 작품이 없었다면 '네버 투 스몰'은 존재하지 못했을 것입니다. 우리에게 영감을 주고 '네버 투 스몰'을 아낌없이 지원해주신 점 깊이 감사드립니다. 특히, 오랫동안 끊임없는 지지를 보내주신 건축가 벤 에드워즈와 브래드 스워츠, 니컬러스 거니에게 감사드리고 싶고, 또한 아토마 팀에게도 감사를 전하고 싶습니다. 여러분은 단연코 최고입니다.

뛰어난 재능을 가진 사진작가들이 작품에 생명을 불어넣어주셨습니다. 여러분의 아름다운 사진을 책에 실을 수 있게 허락해주셔서 감사합니다. 또, 완벽한 평면도를 위해 과분할 정도로 뛰어난 기술을 빌려주신 닉 에이지어스에게 감사드립니다. 크리스천 멘도자 덕분에 '네버 투 스몰'의 브랜드 이미지를 완성할 수 있었습니다. '네버 투 스몰'에 색깔과 신뢰도, 일관성을 부여해주신 점 감사드립니다. 그리고, 인내심을 갖고 우리를 이끌어주시고, 우리가 책을 만들 수 있고 만들어야 한다는 믿음을 주신 폴 맥널리, 스미스 스트리트 북스, 탈리아 앤더슨, 에비 오 스튜디오 관계자 여러분께 진심으로 감사드립니다.

'네버 투 스몰' 구독자 여러분께도 감사드립니다. 첫번째 영상을 게시한 이후 대부분의 우리 활동은 여러분의 관심과 조회수가 있었기에 가능했습니다. 정말 감사합니다. 마지막으로, 린지 바너드에게 감사를 드리고 싶습니다. 이 책은 정말 여러 가지 면에서 당신 것입니다. 이 책의 집필이나 편집, 디자인, 사진 촬영은 다른 사람들이 했을지 몰라도, 그 모든 과정을 이끌어서 책을 완성시킨 분은 당신입니다. 정말 감사합니다.

— 콜린, 조엘, 엘리자베스

수많은 훌륭한 분들이 계셨기에 '네버 투 스몰'이 존재할 수 있었습니다. 먼저 우리 최강 프로듀서팀, 린지 바너드와 루크 클라크에게 진심으로 감사드립니다. 또한, '네버 투 스몰'의 공동 설립자 제임스 맥퍼슨은 '네버 투 스몰'의 아이디어가 생명을 얻을 수 있도록 시간과 자본을 아낌없이 투자하고 굳건한 신뢰를 보내주셨습니다. 감사합니다. 그리고 프로젝트 초반에 많은 격려를 보내준 사이먼 데이비스에게도 감사의 인사를 전합니다.

(일면식도 없었음에도) 기꺼이 우리 유튜브 채널의 첫 손님이 되어 주신 벤 에드워즈 건축가에게 감사드리고 싶습니다. 또, 제가 건축가들과 인터뷰를 하고 오면 몇 시간씩 함께 들으며 원고작업을 했던 조엘과 엘리자베스, 여러분은 최고입니다! 폴 맥널리 편집장님, 우리가 정말 책을 만들 수 있다고 믿어주시고, 테이트모던의 책꽂이에《네버 투 스몰》을 진열하는 제 꿈을 실현시켜주셔서 고맙습니다. 사랑과 지원을 보내주신 마크 알렉산더에게도 감사드립니다. 덕분에 처음으로 유튜브 구독자 100명을 달성할 수 있었습니다.

저를 무조건적으로 사랑해주시고 저의 꿈을 한결같이 믿어주시는 사랑하는 부모님과 형제자매들에게 감사의 인사를 전합니다. 또, '네버 투 스몰'에 출연해주신 건축가 한 분 한 분께도 감사드립니다. 여러분의 시간과 지식을 우리와 공유해주셔서 정말 감사합니다. 마지막으로, 이 멋진 여정을 저와 함께해주신 모든 분들께 무한한 감사를 전합니다. 감사한 마음 영원히 간직하겠습니다.

— 콜린

저를 '네버 투 스몰'의 공동 저자로 참여하게 해준 콜린과 제임스에게 감사드리고, '네버 투 스몰' 팀의 따뜻한 환대에도 감사드립니다. 유튜브 에피소드, 다큐멘터리, TV 시리즈에 이어 결국 책까지! 이 작은 팀이 얼마나 많은 것을 성취해내는지 지켜보는 것은 놀라움의 연속이었습니다.

이 책이 생명을 얻기까지 린지의 열정과 조직력이 큰 역할을 했습니다. 제가 작업하는 방식을 이해해주시고 노련하게 이끌어주셔서 감사합니다. 그리고 엘리자베스, 멋진 원고를 작성해주고, '네버 투 스몰'의 비전을 이해하고 훌륭하게 실현시켜주어서 고맙습니다. 엘리자베스가 없었다면 이 책은 절반 분량에, 완성도는 반의 반에도 미치지 못했을 것입니다.

제가 창의력을 발휘할 수 있는 환경을 만들어준 폭시에게 감사드립니다. 초안을 듣고 따뜻하고 정직한 피드백을 해주고, 마감 전 늦은 밤이면 바텐더가 되어줘서 고맙습니다. 사랑합니다.

그리고 우리 해들리와 로슨, 내가 뭘 하고 있는지 보러 오는 너희들의 명랑한 얼굴은 언제나 반가운 기분전환이 되었어. 이 책에 관심이 있는 척 최선을 다해 연기해줘서 정말 고맙다. 언젠가 너희들도 이 책을 읽으면서 이 책을 쓰던 겨울을 추억할 수 있기를 바란다.

— 조엘

콜린, 이 모든 여정은 당신으로부터 시작되었어요. 명확한 비전을 제시해주고 이 멋진 여정에 우리를 데려가주어서 고맙습니다. 그 결과 저에게 선물처럼 주어진 (또 주어질) 기회들에 영원히 감사하고 있습니다. 제임스, 이 기회들을 마음껏 탐험할 수 있도록 지원해주셔서 고맙습니다. 제임스의 아낌없는 투자와 희생, 모험이 있었기에 저희가 이 흥미진진하고 영감을 주는 프로젝트의 일부가 될 수 있었습니다. 조엘, 이 책 작업을 함께 할 수 있도록 저를 신뢰해주어서 고맙습니다. 수준 높은 글로 훌륭한 기준을 세워주고, 제가 그 기준을 충족할 수 있다고 믿어준 점 감사드립니다. LJ, 당신이 없었다면 이 책은 아직 초안에 불과했을 거예요. 당신의 매력과 독촉, 조언, 회유 덕분에 여기까지 올 수 있었어요. 당신은 직업적으로도 개인적으로도 제 삶에 눈부신 햇살입니다. 감사합니다.

게이, 보이지 않는 곳에서 항상 '네버 투 스몰'을 지원해주셔서 감사합니다. 지난 수년간 디자인 서적을 구입해서 공유해주시고, '네버 투 스몰'을 포함해서 제가 하는 모든 일을 변함없이 지원해주셔서 고맙습니다. 앨릭스, 제가 이 책 작업을 하는 동안 늘어난 육아와 수면 부족을 기꺼이 감수해주어서 고마워요. 또, 제가 쓴 원고가 장황해지거나 나빠질 때 따뜻하게 조언해주고, 제가 그러지 못할 때에도 저를 돌봐주어서 고마워요. 마지막으로 서배스천과 윌리엄, 이 모든 과정과 모든 일들을 더 밝고 행복하게 만들어줘서 정말 고맙다.

— 엘리자베스

옮긴이 정은

한국외국어대학교 통번역대학원을 졸업했고, 학창시절 영국, 핀란드 등지에서 수학했다.
공공기관에서 오랜 기간 근무하며 건축, 공간정보, 해외사업 등 다양한 경험을 쌓았다.
현재 경제, 인문, 교육 분야의 전문 번역가로 활동 중이다.

감수 건축사사무소 서가

박혜선, 오승현 소장이 이끌고 있는 젊은 건축가로 구성된 사무소이다. 도시와 공간에
새로운 것과 지속되고 남겨질 것을 화두로 삼아 주거 및 오피스 등 다양한 건축을 디자인했다.
대표작으로는 렉토 플래그십 스토어 및 사옥, 엠에스티 사옥, 출판사 클 사옥, 화운원,
리아네 집, 연이재, 춘천 신촌리 도예공방과 집 등이 있다. 인천광역시 건축상 우수상,
진주시 건축상 우수상, 대한민국 신진건축사대상 최우수상, 경기도 건축문화대상 입선,
한국건축문화대상 우수상 등을 받았다.

designseoga.com